Usage du QUADRANT-SINUS chez les arabes

16, RUE DE LA GRANDE CHAUMIÈRE - 75006 PARIS

ISBN : 978-2-7053-4022-3

Abū-l-Qāsim al-Anṣārī al-Mū'aḫḫer

Usage du QUADRANT-SINUS chez les arabes

Texte traduit et annoté par

Nejib Boulahia

GEUTHNER

À ma femme,

PRÉFACE

Depuis les temps les plus reculés, on a observé les phénomènes physiques ou astronomiques afin de recueillir des données empiriques. Cela nécessite l'utilisation d'instruments spéciaux de plus en plus élaborés à mesure que l'exigence des calculs se développe.

Un instrument astronomique est un outil qui fait appel aux concepts de géométrie, d'arithmétique et bien sûr de trigonométrie.

C'est précisément ce type d'outil d'observation qu'ont utilisé les savants grecs élaboré plus tard par les savants arabo-musulmans depuis le VIIIe siècle.

Les calculs et les activités d'observation sont étroitement liés en astronomie. Les astronomes peuvent mesurer la position du soleil et calculer le temps.

Certains outils permettent de déterminer des endroits précis de la terre ainsi que les positions des étoiles.

Certains mesurent également la position de la planète afin de prédire l'apparition future de phénomènes astronomiques ou vérifier les diffé rents modèles mathématiques des mouvements en mécanique céleste.

L'astrolabe, le quadrant horaire, la *šakkaziya* et le quadrant-sinus font partie des instruments utilisés par les scientifiques arabo-musulmans car ils répondent parfaitement aux objectifs des observations et aux nécessités des calculs.

Parmi ces instruments, le plus simple et le plus populaire est sans doute le quadrant-sinus. Cet outil a encore été utilisé à une époque récente comme le prouve le présent manuscrit d'Abū-l-Qāsim al-Mū'aḫḫar.

Cet outil s'est avéré très ingénieux puisqu'il permet de mesurer la hauteur et la profondeur des objets ainsi qu'à déterminer la largeur et la subdivision d'un terrain. Il permet aussi de mesurer l'altitude du soleil et de déterminer les positions des planètes ou des étoiles. Calculs très utiles pour connaître en particulier les heures des cinq prières ou la direction de la Mecque. Sans oublier son utilisation si efficace dans les domaines militaire, de navigation et d'arpentage.

L'étude complète et bien documentée de ce manuscrit a été menée avec brio par Nejib Boulahia dans cet ouvrage.

Notons qu'il ressort de cette contribution, outre l'intérêt historique, l'aspect pédagogique sous-jacent de ce manuscrit. Cette œuvre n'est pas seulement un mode d'emploi ou une notice d'utilisation du quadrant-sinus mais aussi un manuel qui s'adresse également à un public plus large, voire débutant, désirant se perfectionner dans les calculs trigonométriques, géométriques et astronomiques.

Cet enseignement devrait aujourd'hui s'adresser aux jeunes afin de susciter leur intérêt, leur sensibilité ainsi que leur curiosité vis-à-vis du processus d'élaboration et développement des instruments astronomiques.

Il serait à mon humble avis, important de faire connaître la manière dont les anciens (malgré les moyens limités dont ils disposaient) ont usé de toute leur ingéniosité afin de mettre sur pied un outil simple et pourtant très performant.

Des efforts devraient être faits afin d'introduire le quadrant-sinus en tant qu'instrument mathématique tout comme les calculatrices dans les matières scientifiques enseignées au niveau secondaire ; comme cela est déjà le cas dans certaines écoles en Indonésie ou en Malaisie, où l'initiation au quadrant-sinus commence timidement à paraitre dans les programmes de l'enseignement officiel.

Il ne s'agit là aucunement d'entretenir une quelconque nostalgie ni de s'accrocher aux vestiges du passé mais plutôt d'assurer leur pérennité, car comme l'a justement dit Jean-Jaurès :

« La fidélité à une tradition ne consiste pas à conserver des cendres, mais à entretenir une flamme pour l'avenir ».

Abd Raouf Chouikha

Professeur émérite de mathématiques à l'Université Paris 13

AVANT-PROPOS

Je me suis intéressé à l'histoire des mathématiques pour mieux comprendre les concepts de base tels que la notion de limite, de fonctions, de nombres, de compacité et de géométrie non euclidienne. Pendant la préparation de ma thèse de Doctorat de mathématiques à l'Université de Bordeaux 1, je suivais parallèlement des cours d'épistémologie assurés par les Professeurs J. Colmez et J. L. Ovaert. De retour à Tunis, j'ai enseigné les mathématiques à l'École normale supérieure, avec le même intérêt : présenter les concepts en les localisant dans le temps et en décrivant l'évolution de leurs formes et de leurs directions. L'étude des anciens textes est devenue ma passion. Je suis persuadé que toute innovation de notre époque représente l'intégrale d'une multitude d'actes passés qui interagissent avec l'instant. Ainsi, j'ai commencé par étudier des ouvrages de mathématiciens et astronomes arabes pré-modernes afin de comprendre la genèse des concepts mathématiques. Je pense qu'il est inutile de prétendre aborder sérieusement l'histoire d'une science si l'on refuse de s'imprégner d'un texte original.

Suite à un cours de trigonométrie sphérique assuré à l'Académie navale de Menzel Bourguiba, je me suis intéressé à chercher des applications de certaines formules mathématiques en astronomie. Ainsi, j'ai trouvé à la Bibliothèque nationale de Tunis un manuscrit du XVIIe siècle qui décrit l'usage du quadrant-sinus. Cet instrument permet de déterminer les différentes coordonnées d'un astre, les opérations usitées reposent sur des formules mathématiques valables jusqu'à aujourd'hui.

L'objectif du présent travail est de mettre le texte dudit manuscrit dans l'histoire de l'astronomie et qui soit accessible au lecteur avisé.

Le texte est difficile à lire, à traduire et à comprendre. Analyser son contenu est une gageure. Ce texte est tributaire du langage, des manières de penser, de la religion et de la philosophie. La traduction est élaborée minutieusement, pas à pas, en respectant la pensée de l'auteur. La fidélité de principe à la substance mathématique, telle est la devise adoptée. Je sollicite l'indulgence des historiens pour tous les cas où le sens voulu par l'auteur aurait été modifié d'une manière, à leurs yeux, excessive.

ᶜAlī al-Qalaçadi[1] a dit en substance :

« Si tu trouves un défaut corrige le, gloire à Dieu le tout puissant sans défauts ».

إن تجد عيبا فسدّ الخلل　　　　جلّ من لا فيه عيب و علا

Je voudrais remercier chaleureusement le professeur Abd Raouf Chouikha, professeur émérite de mathématiques à l'Université Paris 13, pour l'intérêt apporté à mon texte et pour sa préface.

Mes remerciements vont aussi au professeur Ahmed Fitouhi, professeur émérite de mathématiques à l'Université de Tunis, qui a eu la patience de lire les premières épreuves de quelques chapitres et dont les remarques et suggestions m'ont grandement aidé.

Je remercie également le professeur Abdelkader Bachta, professeur d'histoire des sciences à l'Université de Tunis, pour la constante disponibilité qu'il m'a témoignée.

Je ne saurais oublier ici le personnel de la Bibliothèque nationale de Tunis dont la disponibilité et la courtoisie ont été constantes à mon égard. Je remercie toutes les personnes dévouées au fonctionnement du service des manuscrits sous l'autorité bienveillante de madame la directrice générale Raja Ben Slama.

[1] ᶜAlī al-Qalaṣādī est né vers1412 à Bazas près de Grenade en Andalousie, il est mort en1486 à Bāğa en Tunisie. Voir Breukelman supplément 2, p. 378.

SOMMAIRE

TRANSLITTÉRATION DE L'ARABE[1]

h.........هـ	ṯ.........ث
ḥ.........ح	t.........ت
ḫ.........خ	ṭ.........ط
s.........س	q.........ق
ṣ.........ص	k.........ك
š.........ش	f.........ف
d.........د	l.........ل
ḏ.........ذ	m.........م
ḍ.........ض	n.........ن
ᶜ......... ع	w.........و
ġ.........غ	y.........ي
ǧ.........ج	b.........ب
ẓ.........ظ	r.........ر
z.........ز	

Voyelles et diphtongues	
بَ ba	با bā
بُ bu	بو bū
بِ bi	بي bī
	بَو baw

[1] Moḥamad Souissi. *La langue des mathémathiques en arabe*. Publication de l'Université de Tunis, 1968. Imp. Officielle, Tunis.

Introduction

Les instruments astronomiques se perfectionnent au fur et à mesure que la science progresse. Certains instruments employés au temps de Ptolémée ont été transmis à d'autres civilisations. C'est ainsi que les Arabes ont pu apporter des notions plus étendues en astronomie et un progrès remarquable dans la construction mécanique de ces instruments. Ils ont découvert la troisième inégalité lunaire ou « variation »[1], ils ont construit des horloges perfectionnées[2] et porté une grande précision et exactitude dans la fabrication des astrolabes, des quadrants à sinus, etc.

Parmi les instruments astronomiques les plus anciens, citons le gnomon à trou qui consiste à faire passer les rayons solaires par une petite ouverture pratiquée au centre d'une plaque circulaire afin d'avoir plus exactement le milieu de l'ombre. Citons aussi les cadrans solaires sur lesquels les anciens marquaient les heures temporaires. La période entre le lever et le coucher du soleil était divisée en douze heures et la période entre le coucher et le lever du soleil était également divisée en douze heures, ce qui donnait des heures de durées variables d'un jour à l'autre. Ceci présentait un obstacle pour l'évolution des techniques horlogères. Pour des raisons techniques, il a fallu adopter le principe des heures égales équinoxiales pour les 365 jours de l'année. Dans son livre consacré aux instruments astronomiques arabes, Sédillot[3] rapporte que ce sont les Arabes qui ont, les premiers, tracé les heures égales, ce qui nous permet de penser que ce sont eux qui étaient les premiers à adopter le système des vingt-quatre heures égales.

La sphère armillaire et le quart de cercle ont été utilisés par Ptolémée pour montrer l'inclinaison de l'écliptique sur l'équateur. Les Arabes ont construit l'astrolabe planisphère en faisant des applications ingénieuses

---

[1] Abū al-Wafā' de Bagdad (natif du Ḫorasan 940-998) aurait été le premier à déterminer la troisième inégalité lunaire, six siècles avant Tycho-Brahé.

[2] Au temps de Hārūn ar-Rachīd, une horloge fut offerte à Charlemagne.

[3] J. J. Sédillot : *Traité des instruments astronomiques des Arabes*, Paris 1861, Imp. Royale.

des règles édictées par Ptolémée dans son traité sur le planisphère. Cet instrument sert à représenter sur un plan la projection de la sphère céleste mobile autour du centre de la terre. À cet effet, on utilise la projection stéréographique d'une sphère sur le plan contenant l'équateur. Les Arabes ont fourni quatre sortes d'astrolabes, qui sont : le septentrional, la *Šamilah,* la Šafia d'Azarqali[4] et le rectiligne inventé par Šaraf ad-Dīn aṭ-Ṭūsī[5]. Ces instruments que l'on construisait aussi bien à Bagdad, au Caire et en Andalousie, attestent du progrès des Arabes dans la partie mécanique de la science. Nous trouvons des descriptions détaillées des instruments d'observation astronomiques et leur usage dans un grand nombre de manuscrits. Citons en en particulier ; le traité d'al-Fazarī « *'Amal ar-rub^c wa a^cmal ar-raḫāym* » (usage des quarts de cercles et des cadrans solaires), manuscrit n⁰413, Tunis ; le livre du savant marocain al-Ḥassan al-Marrākušī (début du XIIIe s.) « *Ǧāmi^c al-mabādi' wal-ġāyāt* (Recueil des commencements et des fins dans la connaissance des temps), Bibliothèque de Paris, n⁰2.507 ; et celui d'Aḥmed b. ^cAlī Ḥumaï al-Maġribī (copie de la Bibliothèque nationale de Tunis datée de 890 H – 1485) » *Ǧāmi^c al-muhimāt al-muḥtağu ilayhā fi ^cilmi al-miqāt* (Recueil des éléments essentiels dont on a besoin dans la science de la détermination du temps).

D'autre part l'apport original des Arabes dans le domaine de la trigonométrie sphérique a contribué à d'énormes progrès dans les calculs mathématiques. Dans les tables d'al-Ḫawarismī, nous voyons apparaître, pour la première fois, la substitution des sinus aux cordes dont s'étaient servi Hipparque et Ptolémée. Une deuxième étape sera franchie en introduisant de nouvelles lignes trigonométriques comme la tangente, la sécante et la cosécante.

[4] Azarqalī est mathématicien et astronome andalous, mort à Cordoue en 493 H. – 1099.

[5] Šaraf ad-Dīn aṭ-Ṭūsī : originaire de Ṭūs, s'est rendu au Mossoul et à Damas, vivait vers 1209. Connu pour ses travaux en Algèbre, en géométrie et l'invention de l'astrolabe rectiligne (*al ^casa* c'est-à-dire le bâton).

Dans son traité « *De la science des astres* »[6], al-Battānī (né à Battān dans la région de Ḥarrān et mourut en 920 dans la région Mossoul) présente les « demi-cordes » avec lesquelles il travaille et il dit à ce sujet :

> « C'est de ces demi-cordes que nous entendrons nous servir dans nos calculs, où il est bien inutile de doubler les arcs. Ptolémée se servait de cordes entières pour la facilité des démonstrations »[7].

Il dressa, dans son traité « *Iṣlaḥ al-Mağisti* », les tables de ces nouvelles fonctions et formule entre les six éléments d'un triangle sphérique une relation qui ne diffère que par la forme de ce qu'on appelle aujourd'hui la formule fondamentale de la trigonométrie sphérique ou encore le théorème du cosinus :

$$\boxed{\cos a = \cos b \, . \, \cos c + \sin b \, . \, \sin c \, . \, \cos A}$$

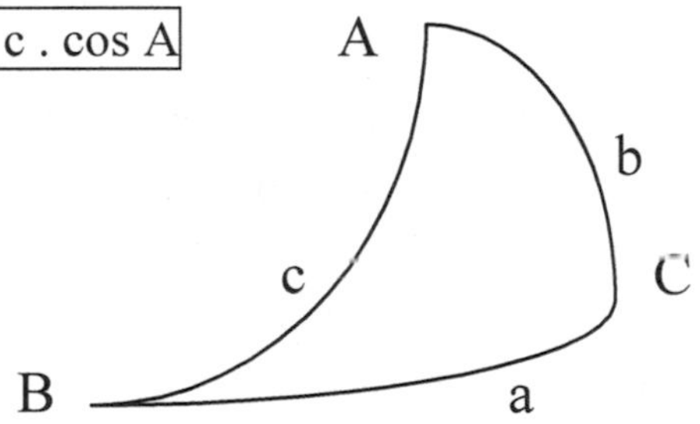

Al-Battānī a résolu en particulier le problème qui consiste à déterminer l'azimut du soleil à partir de sa déclinaison et de sa hauteur ainsi qu'à partir de la hauteur du pôle céleste nord. Il a effectué un grand nombre d'observations astronomiques d'une remarquable précision, ce qui lui valut le surnom de Ptolémée arabe.

---

6 Ce traité est paru en latin avec le commentaire de Regiomontanus à Bologne en 1537 ; Nallino en a donné une nouvelle traduction qu'il a publiée sous le titre d'« *Opus Astronomicum* ».

7 Moḥamad Souissi. *La langue des mathématiques en arabe*. Publication de l'université de Tunis, 1968.

Naṣir ad-Dīn aṭ-Ṭūsī (né au Ḫurasān en1201, mort à Bagdad en 1274) a écrit le premier travail sur la trigonométrie plane et sphérique indépendamment de l'astronomie[8].

La diffusion de la Šafia d'Azarqalī dans sa version originale, en 1263, et les travaux de Naṣir ad-Dīn aṭ-Ṭūsī en trigonométrie ont constitué une excellente contribution à la formation technique des savants de l'Occident latin. Jacob ibn Tibbon[9], connu sous le nom de Profeit Tibbon (Profatius) a inventé en 1290 un nouveau quadrant qui complétait le quart de cercle de hauteur, emprunté aux Arabes, par le tracé de projection du planisphère et un tracé trigonométrique qui développait l'étendue des ressources mathématiques de l'instrument. Cette éclosion d'instruments (astrolabe-quadrant, quadrant-sinus) est une preuve de recherche créatrice, qui précède à peu près d'une génération les travaux importants des astronomes du XIVᵉ siècle[10].

En outre, Ibn aš-Šāṭir (1304-1375)[11] a démontré qu'il est possible de faire tourner des corps célestes dans un mouvement circulaire autour d'un unique point. Cette idée aurait pu faciliter la conception du modèle héliocentrique de Copernic. Des recherches menées en 1950 ont montré que les modèles mathématiques utilisés par Ibn aš-Šāṭir sont identiques à ceux de Copernic[12].

Dans le présent travail, nous nous proposons de décrire les techniques mathématiques appliquées par les Arabes dans la construction et l'utilisation du quadrant-sinus. En cherchant à réunir les matériaux d'une

---

[8] Nejib Boulahia. « Quelques contributions arabes en trigonométrie sphérique ». 4ᵉ Congrès maghrébin sur l'histoire des mathématiques arabes. Fez, Maroc, 1993.

[9] *L'astrolabe-Quadrant*, Musée de Rouen, Recherches sur les connaissances mathématiques, astronomiques et nautiques au Moyen-âge. Par L'Abbé A. Anthiaume et Dʳ Jules Sottas. Librairie astronomique et géographique. Éditeur G. Thomas. 11, Rue Sommerard- Paris 1910.

[10] Thorndike, *Pre-Copernican Activity, Proceeding of American Philosophical Society*, t. XCIV (1950), pp. 321- 326.

[11] ᶜAlā'ad-Dīn Ibn aš-Šāṭir, Damas (1304-1375). Il a écrit en astronomie, au sujet de l'astrolabe et du quadrant-sinus.

[12] *The Biographical Encyclopedia of Astronomers*, Springer, New York Springer 2007, pp. 569-570.

histoire des instruments astronomiques, nous avons consulté, à la Bibliothèque nationale de Tunis, un manuscrit présenté sous le titre « *Épître comprenant des règles de calcul et des méthodes géométriques pour se servir du quadrant à sinus* ». Ce manuscrit ne porte pas le nom de son auteur, il est rangé dans un groupement de manuscrits sous le numéro 17905.

Une autre recherche bibliographique à la même bibliothèque nous a dévoilé un autre manuscrit sous le numéro 8971, il porte le même titre que le manuscrit précédent mentionnant en plus le nom de l'auteur qui est : Abū-l-Faḍl Abū-l-Qāsim al-Anṣārī surnommé l-Mu'aḫḫar[13]. Les deux textes sont identiques mis à part quelques oublis de transcription ici et là. Nous avons également trouvé une copie du même manuscrit à la Bibliothèque numérique de l'Université de Michigan[14]. Dans notre étude nous nous sommes attaché à donner une description détaillée avec une figure exacte de ce qu'on appelle le quadrant-sinus et à expliquer les techniques mathématiques associées aux différentes utilisations de cet instrument qui sont mentionnées dans le manuscrit. La règle principale utilisée consiste à déterminer la quatrième proportionnelle. La notion de proportion est utilisée dans l'application du théorème de Thalès et du théorème des sinus en géométrie plane ou sphérique. En outre, nous faisons une étude comparative avec le contenu du manuscrit intitulé « *Éclaircissements pour l'utilisation du quadrant-sinus* » de ᶜAlā' ad-Dīn ibn aš-Šāṭir. Bien que la traduction du manuscrit ait été très ardue, il nous a été permis de l'accomplir de façon à en rendre les explications claires et intelligibles. Le contenu de cette étude est subdivisé en cinq chapitres. Dans le premier chapitre nous présentons le contexte historique et la biographie de l'auteur du manuscrit analysé. Dans le deuxième nous donnons quelques applications du quadrant-sinus dans la tradition musulmane. Dans le troisième nous expliquons les techniques mathématiques appliquées à l'usage du quadrant-sinus pour résoudre

[13] L-Mu'aḫḫar est un nom de famille tunisienne de la ville de Sfax.
[14] Digitized Manuscripts from the Islamic Manuscripts. Collection at the University of Michigan.

certains problèmes. Le quatrième chapitre est au cœur de notre étude ; c'est la traduction française commentée du texte arabe manuscrit (objet de notre étude). Enfin le cinquième chapitre est la transcription en arabe du manuscrit. Les chercheurs intéressés pourraient s'y reporter pour se faire une idée du texte avant sa traduction et son établissement.

1

Contexte historique et biographie de l'auteur du manuscrit

1.1. Contexte historique

Abū-l-Qāsim a passé la première partie de sa vie sous le règne de la dynastie mūradite, du Mūrad II (1666-1675) jusqu'à la fin de la dynastie avec Mūrad III (1699-1702). Il passa le reste de sa vie sous le règne Ḥussein ibn ᶜAlī Bey (1705-1740).

Nous présentons brièvement quelques événements historiques qui ont marqué la vie sociale et culturelle de cette époque[1].

A – Le règne de la dynastie Mūradite durant la deuxième moitié du XVIIe siècle

Cette époque est marquée par une activité culturelle plus intense qu'à l'époque précédente, des relations culturelles sont établies avec le Maroc, l'Algérie, l'Égypte, la Turquie et les terres saintes dans le Hedjaz.

A – 1. Le Bey Mūrad II (1666-1675)

Il a édifié l'école mūradite à côté de la grande mosquée de Tunis. Le cheikh Abū l-Ḥassan Moḥamad al-Ġamad (décédé en 1676) était le premier enseignant dans cette école, la mosquée de Mūrad Bey à Béja, une mosquée à Gabès et une école à Djerba dirigée par le savant Ibrāhīm Ǧomnī malikite pour contrecarrer la doctrine ibaḍite.

---

[1] Moḥamad Makhlūf. *Chajarat annour al-Zakia fi tabakat almalikia*, p. 164, t. 2, Dar al Fikr.

Après la mort de Mūrad II, une longue guerre de succession a eu lieu entre ses deux fils d'une part et son frère Moḥamad Ḥafside d'autre part, elle finira par la victoire de son fils aîné Moḥamad II en 1685.

A – 2. Le Bey Moḥamad II (1685-1696)

Il a édifié une mosquée en face du mausolée Sidi Mahrez ben Khalaf à Tunis, trois souks de chéchia à Tunis, une mosquée à Kairouan, des écoles à Gafsa, à Tozeur, à Nafta, à Gabès et au Kef, et un pont sur le fleuve de Medjerda. Il a encouragé les savants de son époque, en particulier : Abū l-Ḥassan Karray décédé en 1694, Abū l-Ḥassan ᶜAlī al-Nūrī né à Sfax en 1644 et décédé en 1706 a joué un rôle politique et scientifique.

A – 3. Le Bey Ramadhan (1696 – 1699) frère du Bey Moḥamad II.

Il n'a pas le sens de gouvernance, il se faisait entourer par des chanteurs, il a même délégué son pouvoir à un chanteur nommé Mazhūd. Ce dernier a abusé du pouvoir, il a dénigré les savants et a tué certains d'entre eux notamment le cheikh Moḥamad Fetata. Après un mécontentement général du peuple, ce Bey a été renversé par le petit fils de Mūrad II appelé Mūrad III.

A – 4. Le Bey Mūrad III (1699-1702).

Le Bey Mūrad III est le fils du prince ᶜAlī fils de Mūrad II. Il a été emprisonné par son oncle le Bey Ramadhan. Quand il prit le pouvoir il a tué son oncle Ramadhan, il l'a brulé et a jeté ses cendres à la mer. Il a détruit les édifices construits par son oncle le Bey Moḥamad II à Kairouan. Il a tué de ses propres mains le cheikh Mufti Moḥamad Laaouani aš-Šarīf, puis il manga sa chair grillée et obligea ses compagnons à manger avec lui. Le mécontentement social empirait de plus en plus, ses soldats commençaient à comploter contre lui, ils ont soutenu Ibrahīm Šarīf pour le renverser et le tuer (à l'âge de vingt-trois ans) en 1702. Ce dernier a exterminé tous les descendants mūradites. Il prit le pouvoir pendant trois ans : il était réputé juste au début de son règne puis s'est retourné contre les Arabes en tuant femmes et enfants. Il s'était fait capturer dans une bataille avec le Dey d'Alger le 8 Juillet 1705. Par un consensus de la cour, le pouvoir fut légué à son adjoint Ḥussein ibn ᶜAlī Tūrkī proclamé Bey le12 Juillet 1705.

B – Le règne de la dynastie ḥusseinite

Le règne de la dynastie ḥusseinite en Tunisie a commencé en 1705, a été renversé après l'indépendance du pays en 1956. Nous présentons les différents Beys qui ont régné pendant le XVIIIᵉ siècle.

B- 1. Le Bey Ḥussein ibn ᶜAlī Tūrkī (1705- 1740)

Le Bey Ḥussein ibn ᶜAlī Tūrkī né en 1675 au Kef et décédé le 13 Mai 1740 à Kairouan. Ḥussein est le fils de ᶜAlī Tūrkī et de Ḥafsia Šerni de la tribu des Šernis installée autour du Kef. Il participa au coup d'état d'Ibrahīm Šarīf qui a renversé le dernier Bey Mūradī en 1702, et il lui succède en 1705.

Ce Bey a fait bâtir de nombreux édifices dédiés au culte religieux et à l'enseignement, il encouragea les sciences et les techniques. Parmi ces édifices nous citons[2] : la mosquée des teinturiers et les *madrasa-s* Ennakhla et Al-Ḥusseiniyya aṣ-ṣūghra à Tunis ; la mosquée du Bardo. Une mosquée à Sidi Bou Saïd ainsi que des *madrasa-s* (écoles) à l'intérieur du pays comme à Kairouan, Sousse, Sfax et Nafta. Ḥussein Bey se faisait entourer d'hommes de sciences. Le cheikh Moḥamad Zitūna[3] était, d'ailleurs, son conseillé le plus influent. Son règne instaura la sécurité et assura une prospérité dans tout le royaume. Les enseignants touchaient des salaires, les étudiants recevaient une bourse d'encouragement et les bibliothèques s'équipaient de plusieurs manuscrits. Une activité, culturelle, scientifique et technique se développait dans tout le

[2] Aḥmed Abdessalām. *Les historiens tunisiens* (traduction arabe) des XVIIᵉ, XVIIIᵉ, et XIXᵉ siècles, p. 66, 67.

[3] Le cheikh Moamad ibn Aḥmad Zitūna est né à Monastir en 1670-1081 H., décédé à Tunis en 1726-1138 H. il a enseigné à la mosquée Zitūna, était l'imam de la mosquée de Bab-Bhar. Voir : حسين خوجة، ذيل بشائر أهل الإيمان بفتوحات آل عثمان، تحقيق وتقديم الطاهر المعموري، تونس 1985. ص. 224.

royaume[4]. Notons qu'à cette époque, l'exode des andalous a amené à la Tunisie une nouvelle culture (musique, philosophie, littérature), des techniques de constructions urbaines et des instruments astronomiques pour les besoins d'arpentage et de navigation.

B – 2. Le Bey ᶜAlī premier, petit fils de ᶜAlī Tourki (1740-1756).

Il a continué à encourager les hommes de science pour la recherche et l'enseignement. Il s'intéressait lui-même aux manuscrits, il a ramené une copie des écrits d'Ibn Ḫaldoun du Maroc, et plusieurs manuscrits de la Turquie. Il s'est même attribué les commentaires du livre « *Attashil* » (التسهيل) d'Ibn Mālek. Il a construit l'école El Bachia, *« Slimania »* (attribué à son fils Soliman), l'école de Bir Laḥjar (commencée en 1756 et terminée en 1757 par son neveu Rejeb ben Mamī)[5] et l'école « *Ḥawanit* » Achour.

B – 3. Le Bey Moḥamad Rachid, fils du Bey Ḥussein (1756-1759)

Il était juste. Il respectait les hommes de lettres et de sciences. Il était lui-même écrivain et poète. Il se faisait entourer par des poètes et musiciens.

B – 4. Le Bey ᶜAlī II, fils du Bey Ḥussein (1756-1782)

Il a ordonné la construction de la grande *madrasa* ḥusseinite, un espace d'échange culturel pour les littéraires et les scientifiques, des maisons pour les pauvres, un rempart pour la ville de Kairouan, ramener de l'eau potable pour la ville de Tunis, une mosquée ḥanafite et le mausolée de l'imam al-Mazri à Monastir.

B – 5. Le Bey Ḥammūda Pacha, fils du Bey ᶜAlī II (1782-1814)

Il a organisé et développé les forces militaires terrestres et marines. Il a chargé Youssef Sahib Eṭṭabaaᶜ de structurer l'enseignement. Ce

[4] Moḥamad Saaᶜda. « *Qorrate al-ᶜain fi faḍāel al-Amir Ḥussein* » (les bienfaits du prince Ḥussein).
[5] Sofien Dhif. *Les madrasas husseinites de Tunis*. Comptes-rendus de Thèses et de mémoires. Faculté des lettres, des arts et des humanités de la Manouba, 2012.

dernier a ordonné la construction d'une mosquée dans le quartier Ḥalfawin qui prit son nom par la suite.

Nous pouvons dire que la deuxième moitié du XVIIe siècle et le XVIIIe siècle étaient une époque où la vie culturelle était bien développée.

Dans son recueil, Moḥamad Makhlūf[6] évoque de nombreux savants contemporains à Abū-l-Qasim : Moḥamad Fetata (mort en 1704), Sa^{c}īd Šarīf (décédé en 1701), Moḥamad Qouissem (décédé en 1702), Moḥamad l-Ġamed (décédé en1703), ^{c}Alī al-Nūri (1644- 1706), ^{c}Abdel ^{c}Azīz Fouratī (décédé en1719), Ibrāhīm Ğomnī (1628- 1721), Moḥamed Zitouna (1670-1726), al-Wazīr Sarrāj (mort en 1736).

1-2. Biographie de l'auteur du manuscrit

Abū-l-Fāḏel Abū-l-Qāsim al-Anṣārī, surnommé al-Mū'aḫḫer, est né en 1072 H. – 1661 à Sfax, ville où il s'est adonné, dès son jeune âge, à l'étude du « *fiqh* » (jurisprudence) et à l'apprentissage du coran auprès de l'imam ^{c}Alī l-Nūrī[7]. Plus tard, il se rendit à Jerba pour étudier, auprès de l'imam Ibrāhīm Ğomnī[8], *Les concis* de Khalīl (مختصر خليل), *Le calcul successoral* (علم الفرائض) et l'arithmétique. Son séjour à Jerba dura vingt-cinq ans. Il quitta Jerba ensuite pour s'installer à Tunis où il s'attacha à l'imam ^{c}Alī ibn Māmī Karbaṣa[9] (الشيخ علي بن مامي كرباصة) pour apprendre la science de la « connaissance des temps » (علم الميقات) et l'astronomie. Il acquit dès lors une expertise totale pour tracer les quadrants horaires

[6] Moḥamad Makhlouf. *Chajarat annour al-Zakia fi tabakat almalikia*, p. 164., t. 2, Dar al Fikr, 1931.

[7] L'imam, le cheikh Abī al-Ḥassan ^{c}Alī l-Nūri l-Sfaxi est né à Sfax en 1053 H. – 1643 il est mort en 1118 H. – 1706 voir : *Chajarat annour al-zakia fi tabakat almalikia*, p. 589. شجرة النور الزكية في طبقات المالكية.تأليف محمد مخلوف، تحقيق عبد المجيد خيالي. دار الكتب العلمية. 1424هـ - 2003م.

[8] L'iam Ibrāhīm ibn ^{c}Abdallah Ğomnī est né en1037 H. – 1628 au village de Jamna au environ de Kébili. Il est mort en 1134 H. – 1721 à Jerba.

[9] L'imam ^{c}Alī ibn Māmī Karbaṣa ḥanafi (était vivant en 1112 H. – 1704). Il a écrit : 1. Explication du quadrant à sinus de Ğamal ad-Dīn l-Mardīnī grand père de Badr ad-Dīn Sabt l-Mārdīnī, manuscrit n^{0} 7118, Bibliothèque nationale de Tunis. - 2. Explication d'un précis du nouveau Zyj de Oleg Beck, Lexique 38, Manuscrits et livres islamiques et arabes.

(تسطير البسائط الوقتية), les quadrants-sinus (الربع المجيب) et les lignes des hauteurs du soleil (المقنطرات).

En 1705, le prince Ḥussein ibn ᶜAlī Bey ordonna la transformation de la *zaouïa qadiriyya* (oratoire des soufis) de Sousse en une *madrasa* (école) où Abū-l-Qāsim al-Anṣārī fut pour enseigner l'arithmétique, le calcul successoral et l'astronomie[10]. Il finit par encadrer plusieurs disciples en arithmétique et en astronomie. Il est resté à Sousse jusqu'à sa mort ; il est parfois surnommé le soussien (السوسي)[11]. Abū-l-Qāsim est l'auteur de plusieurs épîtres concernant l'usage du quadrant-sinus. Deux exemplaires de son épître portant le titre « *Épître contenant des règles de calcul et des opérations géométriques pour se servir du quadrant-sinus* » sont conservés à la Bibliothèque nationale de Tunis. Une autre copie existe à l'Université du Michigan et une quatrième copie est conservée à la Bibliothèque nationale de France. Leur contenu est constitué de vingt-trois chapitres accompagnés de treize illustrations. Il écrivit, également, des épîtres pour la « connaissance des temps ». Un de ces épîtres, intitulé « *ḫulāsat al-ma-ᶜalim ᶜalā manẓūmat Ibn Ġānim* » (خلاصة المعالم على منظومة ابن غانم), résume le poème didactique en astronomie d'Ibn Ġānim[12], intitulé « *an-Nasma an-nafḥīya* », poème basé sur « *al-risala- al-fatḥīya* » de Sibt al-Mardīnī sur le quadrant-sinus[13] ; il est conservé à la Bibliothèque nationale de Tunis.

Abū-l-Qāsim a acquis une expertise quant à la fabrication des quadrants horaires islamiques[14]. Il serait l'édificateur du quadrant horaire islamique de la mosquée de Sīdī Brahīm l-Ǧomnī en 1701[15]. En outre, il

---

[10] Moḥamad Mahfūd, "*Tarajem al-mūalifin al-tounisiyine*" p. 420.
(تراجم المؤلفين التونسيين، دار الغرب الإسلامي- بيروت 1994 م).

[11] Voir manuscrit n⁰ 8075(01), Bibliothèque nationale de Tunis, "*Ḫūlāsat al-maᶜālim ᶜalā manẓūmat Ibn Ġānim*" (خلاصة المعالم على منظومة ابن غانم).

[12] Ibn Ġanim. Abū-l-Hassan ᶜAlī ibn Ġanim l-Makdisī, décédé en 1596.

[13] David King, *A Survey of the Scientific Manuscripts in the Egyptian National Library* (Winona, 1986), p. 90.

[14] Voir à la Bibliothèque nationale de Tunis les manuscrits n⁰ 8989 et n⁰ 8971, épître sur le tracage géométique du quadrant horaire (رسالة في رسم البسيطة بالهندسة).

[15] Éric Mercier. « Cadran islamique ancien de Tunisie », p. 62. *Cadran Info* N⁰ 29 – Mai 2014.

existe un quadrant horaire islamique au Musée islamique du Ribat de Monastir, trouvé probablement du Ribat de Sousse[16] et qui daterait de 1135 H. – 1722. Étant donné qu'Abū-l-Qasim a été naguère enseignant à la *zaouïa qādiriyya* de Sousse, il est possible qu'il soit l'artisan de ce quadrant. Cette assertion demeure une hypothèse à prouver. À partir de la deuxième moitié du XVIIe siècle, la rigueur des calculs apportés par le quadrant-sinus a fait que les mosquées construites à Tunis ont une orientation quasi correcte par rapport à la Mecque. D'après Éric Mercier[17] cette orientation est autour de 120^0 N, peu différente de ce qui peut être mesuré sur une carte (projection de Mercator : à 117^0 N, ou projection canonique tangente à la latitude de Tunis : est à 123^0 N).

[16] *Idem*. p. 61.
[17] Éric Mercier. « *Qibla des cadrans islamiques de Tunisie* ». Cadran info N^0 30 – Octobre 2014.

Curriculum Vitae plausible d'abū-l-Qāsīm al- Anṣārī al-Mua'ẖẖar

Identité

Nom: Abū-l-Qāsīm al- Anṣārī (أبو القاسم الأنصاري)
Prénom: Al-Mūaẖẖar (المؤخر)
Date et lieu de naissance : né en 1661 à SFAX – TUNISIE

Enseignement suivi

Ses professeurs	Périodes	Lieux	Licences obtenues
^{c}Alī an-Nūrī (1644-1706)	1665-1671	SFAX	•Apprentissage et lecture du Coran
Sīdī Ibrāhīm Ǧomnī (1628-1721)	1671-1696	JERBA	•*Fiqh* (jurisprudence) : les précis du šeiẖ Khalīl •Calcul successoral •Arithmétique
^{c}Alī ibn Māmī Karbaṣa (1656-1708)	1696-1704	TUNIS	•Astronomie •Usage des astrolabes et des quadrants-sinus

Fonctions

- Assistant de Sīdī Ibrāhīm Ǧomnī durant son séjour à Jerba.

- Enseignant à l'école Qādirya à Sousse, nommé par le Bey Ḥussein ben ^{c}Alī Turkī en 1705.

Œuvre

Titres	Références
Épître comprenant des règles de calcul et des opérations géométriques pour se servir du quadrant-sinus. (رسالة مشتملة على قواعد حسابية وأعمال هندسية في العمل بالربع الجيوب)	•Manuscrits n^{0} 17905 et n^{0} 8971 à la BnT. • Digitized Manuscripts from the Islamic Manuscripts Collection at the University of Michigan. • BnF. Arabe 7000
Explication d'un poème didactique en astronomie d'Ibn Ġānim (خلاصة المعالم على منظومة ابن غانم)	• Manuscrits à la BnT : n^{0} 17905 ; n^{0} 238 ; n^{0} 3827 ; n^{0} 9065(02) ; n^{0} 8075(01) ; n^{0} 8971.
Épître sur le traçage géométrique du quadrant horaire (رسالة في رسم البسيطة بالهندسة)	• Manuscrits à la BnT : n^{0} 8971 et n^{0} 8989

Sources de formation en astronomie d'abū al-Faḍl abū al-Qāsim al-Anṣārī al-Mu'aḫḫar

Ibn al-Šāṭir (1304-1375 à Damas)

- إيضاح المغيب في العمل بالربع المجيب

↓

Ğamāl ad-Dīn ᶜabd-Allah ibn Ḫalīl al-Mārdīnī (...-1406 au Caire)

- الرسالة الفتحية في الأعمال الجيبية. مخطوطات وكتب إسلامية وعربية، فهرس مخطوطات علم الفلك والميقات
- رسالة الدر المنثور في الأعمال بربع الدستور
- دلالة العامل بربع المقطوع الشامل. مخطوطات وكتب إسلامية وعربية، فهرس 51
- رسالة في العمل بالربع المجيب. مخطوطات وكتب إسلامية وعربية،فهرس عدد 39

World Cat. Manuscripts, Arabic manuscript Michigan.[n,d]

↓

Aḥmad ibn Rajab Šihāb ad-Dīn ibn al-Majdī (1366-1447 au Caire)
(Élève de Ğamāl ad-Dīn al-Mardīnī)

- ارشاد السائل في أصول المسائل

↓

Badr ad-Dīn Muḥamed Sibt al-Mardīnī (1423-1506 au Caire)
(Élève d'Ibn al-Majdī et petit-fils de Ğamāl ad-Dīn al-Mārdinī)

- الرسالة الفتحية في الأعمال الجيبية
- اظهار السر المودوع في العمل بالربع المقطوع.
- كفاية القنوع في العمل بالربع الشمالي القطوع (نسخه أحمد المغربي التونسي في 1202هـ)
- رسالة في العمل بالربع المجيب. فهارس المخطوطات، فهرس عدد 39

↓

Abū al-Ḥasan ᶜAlī ibn Muḥamed ibn Ġānim (1656-1708 à Tunis)

- النسمة النفحية على الرسالة الفتحية (منظومة)

↓

ᶜAlī ibn Māmī Karbaṣa (1650-1720 à Tunis)

- شرح مختصر الزيج السلطاني الجديد لألغ بيك (1393-1440)، مكتبة المسجد النبوي.

- إتحاف المحبوب لشرح مجملة المطلوب في العمل بربع الجيوب. مخطوطات وكتب إسلامية وعربية، فهرس مخطوطات علم الفلك والميقات.

Manuscrit n^0 28083, source Gallica. BnF. France

- شرح رسالة جمال الدين المارديني في الربع المجيب

"World Cat". Manuscripts, Arabic manuscript Michigan. Ann. Arbor [1843]

- شرح رسالة جمال الدين المارديني في الربع المجيب.مخطوط ضمن مجموع رقم9065، المكتبة الوطنية بتونس.

↓

Abū al-Faḍl Abū al-Qāsim al-Anṣārī al-Mu'aẖẖar

(1661- …à Sfax-Tunis-Sousse)

(Élève de ^{c}Alī ibn Māmī Karbaṣa)

- خلاصة المعالم على منظومة ابن غانم.مخطوط ضمن مجموع رقم 3827، المكتبة الوطنية بتونس،
- رسالة في قواعد حسابية وأعمال هندسية في العمل بربع الجيوب. مخطوط ضمن مجموع رقم 17905، المكتبة الوطنية بتونس
- رسالة في رسم البسيطة بالهندسة

2

APPLICATIONS DU QUADRANT-SINUS

2.1 Déterminer les coordonnées géographiques d'un lieu

Pour effectuer un voyage maritime ou continental, le déplacement entre deux points nécessite la détermination des coordonnées géographiques (latitude et longitude) de quelques points de repère. En tout lieu la hauteur du pôle céleste au-dessus de l'horizon est égale à la latitude. Si donc une étoile se trouvait précisément au pôle céleste, il suffirait de mesurer la hauteur de cette étoile au-dessus de l'horizon pour obtenir la latitude. Pendant la nuit, dans l'hémisphère nord, le quadrant-sinus permet de mesurer la hauteur de l'étoile polaire (très proche du pôle céleste nord) et donc la latitude du lieu d'observation. Pendant le jour, le quadrant-sinus permet de mesurer la hauteur méridienne du soleil. La latitude du lieu d'observation est déterminée en fonction de la hauteur méridienne du soleil et de sa déclinaison (voir chapitre 5 dans la traduction du manuscrit). Le quadrant-sinus permet de déterminer l'angle horaire d'un astre dans le lieu d'observation et dans un lieu pris comme origine[1] (voir chapitre 9 dans la traduction du manuscrit), la différence de ces deux angles horaires est égale à la longitude du lieu. La détermination de l'angle horaire d'un astre dans le lieu d'observation est facile à déterminer à l'aide du quadrant-sinus. L'angle horaire d'un astre dans un lieu d'origine est plus difficile, sa mesure n'a été possible qu'à partir du milieu du XVIe siècle. La construction en 1731 de l'octant à

[1] Dans le manuscrit étudié, l'auteur dit que l'origine des longitudes est le point le plus éloigné de l'ouest des terres habitées. Ptolémée et ceux qui l'ont suivi ont fixé l'origine des longitudes aux îles Fortunées (Archipel des canaries). En 1884, le méridien de Greenwich fut adopté comme origine.

double réflexion, de John Hadley[2], qui a servi de base aux sextants modernes, permit de donner aux observations une précision qui dépassait largement ce qu'on avait obtenu jusque-là par le quadrant-sinus. Le sextant est encore utilisé dans la navigation. À partir de la deuxième moitié du XXe siècle, la géo-localisation connaît un grand essor avec le développement des systèmes de positionnement par satellites. En outre le quadrant-sinus permet de déterminer les coordonnées horizontales (hauteur et azimut), les coordonnées horaires (angle horaire et déclinaison) et les coordonnées équatoriales (ascension droite et déclinaison) d'une étoile.

2.2 Déterminer les heures des prières musulmanes prédicatives

Les prières qui font partie des obligations des croyants musulmans sont au nombre de cinq : *al-ṣubh* (الصبح), *al-ẓuhr* (الظهر), *al-ᶜasr* (العصر), *al-maġrib* (المغرب) et *al-ᶜiḥā'* (العشاء). Il ne faut pas confondre la prière d'*al-ṣubh* avec la prière d'*al-Fağr* (الفجر), celle-ci n'est pas obligatoire mais elle est une préconisation sunnite, elle précède tout juste *al-ṣubh.* Les critères qui définissent le début et la fin de chaque prière sont des critères d'astronomie solaire. Mais l'accord ne s'est jamais fait sur la définition précise des critères pour certaines de ces prières.

La définition de l'aurore et du crépuscule varie dans le temps et l'espace. Il y a un désaccord entres les observateurs, chargés dans les mosquées de faire annoncer les prières à heure exacte et qui étaient des astronomes éminents. À cet effet, nous présentons quelques exemples de mesure de l'aurore et du crépuscule dans la tradition arabe.

Dans le manuscrit n^0 08971 de la Bibliothèque nationale de Tunis, Abū-l-Qāsim commente un poème didactique d'astronomie d'Ibn Ġānim, il donne la définition du crépuscule et de l'aurore. Il dit en substance :

---

[2] John Hadley (1682-1744), est un astronome et mathématicien anglais, il a inventé l'octant en 1731. Cet instrument permet de mesurer les angles depuis un navire en mouvement.

« le crépuscule est la rougeur qui reste sur l'horizon occidental après le coucher du soleil et l'aurore est la blancheur qui parait sur l'horizon oriental à la fin de la nuit. L'aurore commence lorsque le soleil est à 18^0 au-dessous de l'horizon. Le crépuscule finit lorsque le soleil est à 18^0 au-dessous de l'horizon. Certains modernes ont dit que dans le crépuscule il y'a 16^0 et dans l'aurore il y'a 20^0, ceci est incertain car il y a très peu d'observateurs qui l'ont adopté ».

Dans le manuscrit n^0 17905 de la Bibliothèque nationale de Tunis, épître concernant l'usage du quadrant-sinus, Abū-l-Qāsim mentionne dans le chapitre 11 :

« Tu ajoutes la distance du diamètre (بعد القطر) au sinus de 19^0 pour l'aurore et au sinus de 17^0 pour le crépuscule si la déclinaison est du nord ; tu en retranches si la déclinaison est du sud ».

Dans le manuscrit n^0 1103 de la Bibliothèque royale de Rabat, intitulé « Institutions mathématiques pour celui qui veut étudier les principes sur lesquels repose la résolution des questions » (*Iršād as-sā'il ilā usūl-al-masā'il* إرشاد السائل إلى أصول المسائل) de Šihāb ad-Dīn ibn al-Maǧdī al-Ḥanafī, l'auteur dit :

« Abu ^{c}Alī du Maroc et ceux qui l'ont suivi ont pensé que le crépuscule était de 16^0 et l'aurore est à 20^0 du cercle de la hauteur ; ceci a été prouvé par plusieurs modernes des plus habiles, tel que le très illustre cheikh ^{c}Alā' ad-Dīn connu sous le nom d'Ibn Ḫatīr dont l'estimation a été adoptée par beaucoup d'astronomes à savoir : Naṣir ad-Dīn aṭ-Ṭūsī, Abū-l-Wafā' al-Būzsǧānī, al-Birūnī et autres savants ».

Les définitions actuelles du début de l'aurore et la fin du crépuscule sont données par différentes « autorités » islamiques, par exemple[3] :

[3] Éric Mercier, « Cadrant islamique anciens de Tunisie ». *Cadrant Info* N^0 29 – Mai 2014.

	Début de l'aurore	Fin du crépuscule
Mosquées de Tunisie	18^0	18^0
Ligue musulmane mondiale	18^0	17^0
Université de Karachi	18^0	18^0
Autorité égyptienne	$19^0,5$	$17^0,5$
Organisation Islamique de France	12^0	12^0

Le quadrant-sinus est utilisé pour indiquer les repères temporaires de ces cinq prières, soit en pleine journée avec un *mikyās* (gnomon), soit au début ou à la fin du jour en annonçant d'avance ces instants.

• La prière de *Ṣubh* (صلاة الصبح) : elle doit être accomplie pendant l'aurore, qui s'étend entre l'arrivée de l'aube véritable, c'est-à-dire la lueur qui apparaît à l'Est dans l'obscurité de la nuit, et le lever du soleil. À Tunis le début de l'aurore est à 18^0 sous l'horizon.

• La prière du *Ẓuhr* (صلاة الظهر) : pour la majorité des croyants le début de la période favorable pour cette prière est à quelques minutes après le midi solaire.

Certaines communautés du Maghreb ont considéré que le *ẓuhr* devait commencer quand l'ombre d'un *kāma* (gnomon) vertical (de longueur K) atteint la longueur de son ombre à midi solaire (Hm) plus 1/4 de sa hauteur.

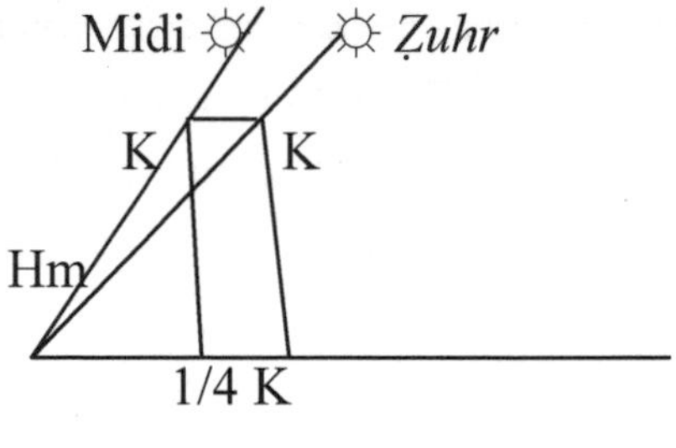

Ombre *mabsūt* de *Ẓuhr* = Hm + 1/4 K

La fin de la période de cette prière correspond au début de la suivante.

• La prière de l'^{c}*asr* (صلاة العصر) : dans le manuscrit n^0 17905 de la Bibliothèque nationale de Tunis, Abū l-Qāsim définit, dans le chapitre 10, le début de l'^{c}*asr* par l'ombre de sa hauteur :

« l'ombre *mabsūt* (ombre horizontale) de la hauteur de l'^{c}*asr* est égale à la somme de l'ombre *mabsūt* de la hauteur d'un *kāma* (gnomon) à midi solaire (Hm) et sa longueur (K) ».

Il semble généralement admis que la fin de la période de cette prière correspond au début de la prière d'al-Maġrib (صلاة المغرب).

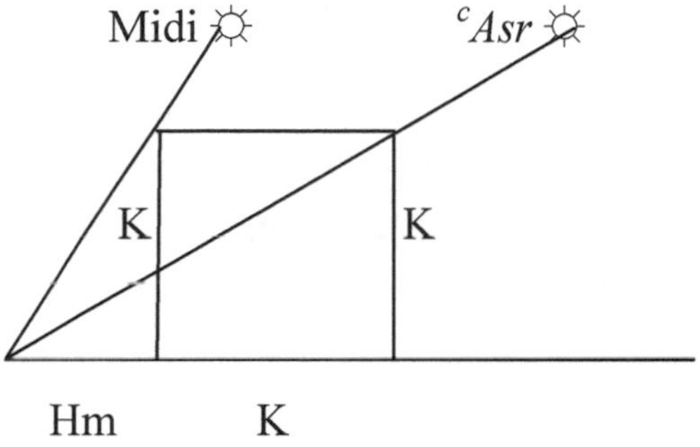

Ombre *mabsūt* de l'^{c}*asr* = Hm + K

Pour la communauté « ḥanafite » (الحنفية) le début de la période de cette prière est marquée par l'instant ou l'ombre d'un *kāma* (gnomon) vertical (de longueur K) atteignait la longueur de son ombre à midi solaire (Hm) plus deux fois sa longueur ; soit l'ombre *mabsūt* de l'^{c}*asr* = Hm +2 K.

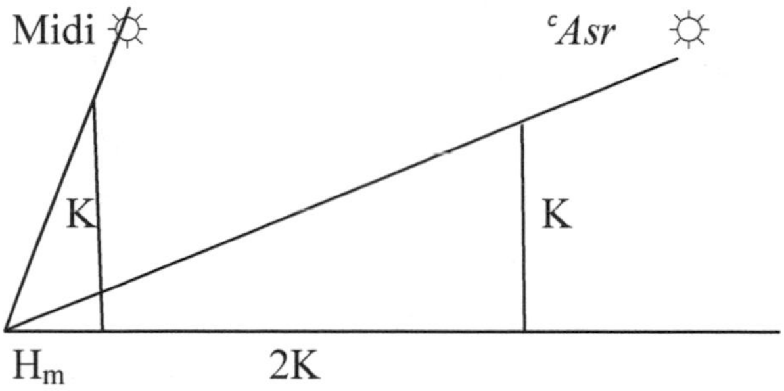

Ombre *mabsūt* de l'^{c}*asr* = Hm +2 K

• La prière d'al-Maġrib (صلاة المغرب) : cette prière s'accomplit entre le coucher du soleil et la disparition du crépuscule, c'est-à-dire la rougeur qui subsiste à l'horizon après le coucher du soleil et jusqu'à la tombée effective de la nuit.

• La prière d'al-ᶜišā' (صلاة العشاء) : On peut commencer à l'accomplir lorsque la nuit est tombée, et jusqu'à l'aube. Le début de cette période est défini par une hauteur du soleil sous l'horizon variable de 12^0 à 20^0 suivant les localités (soit d'une durée variable de 48' à $1^h20'$ après le coucher du soleil).

2.3 Déterminer les quatre points cardinaux et la Qibla

La notion des points cardinaux est d'ordre purement astronomique. C'est du spectacle de la révolution diurne que découle le concept du Nord, direction de l'étoile polaire ; du Sud, direction opposée, où culmine le soleil ; de l'Est et de l'Ouest, du Levant et du Couchant, direction perpendiculaire à la première. Avec le quadrant-sinus nous déterminons l'azimut du soleil pour une hauteur donnée. Puis nous fixons le fil du quadrant en faisant un angle égal à l'azimut trouvé à partir de l'un des segments extrêmes du quadrant. Nous plaçons le quadrant sur un plan horizontal. Nous tenons un fil à plomb vertical et nous faisons bouger le quadrant de telle sorte que l'ombre de ce fil coïncide avec le fil fixé sur le quadrant. Dans ce cas le quadrant se trouve dans une position indiquant les quatre points cardinaux. Le segment extrême du quadrant qui est le début de l'azimut se trouve sur la ligne de l'Est et de l'Ouest. Une droite qui lui est perpendiculaire indique le Sud et le Nord (voir chapitre 16).

Quant à l'azimut[4] de la Qibla, on le détermine d'après la longitude et la latitude de la Mecque. Il y a huit cas différents selon que la longitude et la latitude du lieu où l'on est, sont égales ou non à celles de la Mecque. Le quadrant-sinus permet de résoudre une équation trigonométrique compliquée dont l'inconnue est l'azimut de la Qibla. À cet effet, l'auteur introduit des fonctions auxiliaires pour faire apparaître des équations linéaires de premier degré, adaptées à la manipulation du quadrant (voir chapitre 15).

---

[4] Le mot azimut provient du mot espagnol « acimut » , lui-même issu de l'arabe « *as-samat* », qui signifie direction.

3

TECHNIQUES MATHÉMATIQUES APPLIQUÉES À L'USAGE DU QUADRANT-SINUS

3.1. Présentation du manuscrit

Le manuscrit, objet de notre étude, se trouve à la Bibliothèque nationale de Tunis rangé parmi un groupement de manuscrits sous le numéro 17905. Son titre est : « *Épître comprenant des règles de calcul et des méthodes géométriques pour se servir du quadrant-sinus* ». La calligraphie est de type maghrébin, les pages sont de petites dimensions (24cm x 19cm) et sont au nombre de 26. On y trouve 13 illustrations accompagnant le texte. Le quadrant-sinus, dont la construction est exposée avec beaucoup d'exactitude par Abū l-Faḍl Abū l-Qāsim al-Anṣārī, permet de trouver sans difficulté :

- Les coordonnées horizontales d'une étoile : hauteur et azimut.
- Les coordonnées horaires d'une étoile : angle horaire et déclinaison.
- Les coordonnées équatoriales d'une étoile : l'ascension droite et la déclinaison.
- La latitude d'un lieu, l'arc diurne, l'arc nocturne et la correction du jour.

L'auteur s'intéresse aussi à la détermination des durées de l'aurore et du crépuscule. Il montre comment trouver les quatre points cardinaux et l'azimut de la Qibla[1], selon que la Mecque ait une longitude plus grande ou plus petite que celle du lieu où se fait l'opération.

L'épître comprend une introduction, vingt-trois chapitres et une conclusion, en voici le contenu :

INTRODUCTION : Définition du quadrant-sinus et nomenclature des lignes qui sont tracées dessus.

CHAPITRE 1: Mesure de la hauteur.

CHAPITRE 2 : Comment trouver le sinus d'un arc et problème inverse.

CHAPITRE 3 : Déterminer l'ombre d'après la hauteur et inversement.

CHAPITRE 4 : Déterminer la déclinaison du soleil connaissant sa position sur l'écliptique (son degré) et inversement.

CHAPITRE 5 : Comment connaître la latitude d'un lieu et la « *ghāya* » c'est-à-dire la hauteur méridienne.

CHAPITRE 6 : Comment déterminer la distance du diamètre d'une orbite au plan de l'horizon.

CHAPITRE 7 : Déterminer la distance d'un astre au plan parallèle à l'horizon passant par le centre de son orbite. Lorsque celui-ci est dans sa position de culmination on l'appelle « L'*asle* absolu » et lorsque celui-ci dans une position quelconque on l'appelle « L'*asle* moyen ».

CHAPITRE 8 : Comment trouver l'arc diurne, l'arc nocturne et la correction du jour. La correction du jour est égale à la différence entre la mesure de la moitié de l'arc diurne et quatre-vingt-dix degrés.

CHAPITRE 9 : Déterminer l'arc de révolution et l'angle horaire en fonction de « L'*asle* absolu » et « L'*asle* moyen ».

CHAPITRE 10 : Déterminer la hauteur de l'*ᶜasr*, l'augment de son arc de révolution et le temps qui s'écoule entre l'*ᶜasr* et le coucher du soleil.

[1] La Qibla est la direction de la Mecque vers laquelle les musulmans doivent s'orienter pour prier, pour l'abattage des animaux de boucherie et l'enterrement des morts.

CHAPITRE 11 : Déterminer les deux durées du crépuscule et de l'aurore.

CHAPITRE 12 : Déterminer la largeur de l'orient et la largeur de l'occident. La largeur de l'orient est l'arc du cercle de l'horizon compris entre le lever de l'astre et le point de l'Est, elle est égale à la largeur de son occident.

CHAPITRE 13 : Déterminer la hauteur d'un astre dont l'azimut est nul.

CHAPITRE 14 : Déterminer l'azimut à partir de la hauteur.

CHAPITRE 15 : Déterminer l'azimut de la Qibla.

CHAPITRE 16 : Déterminer les quatre points cardinaux et l'azimut de la Qibla (direction de la Mecque).

CHAPITRE 17 : Ascensions droites des étoiles.

CHAPITRE 18 : Ascensions droites locales des points d'ascension ou de descente d'une étoile et les signes de zodiaque à l'horizon.

CHAPITRE 19 : Déterminer le temps passé et celui qui reste à s'écouler de la nuit ou du jour d'après le point d'ascension ou le point médian d'une étoile ou d'après sa hauteur.

CHAPITRE 20 : Connaître la position d'une étoile pour un temps donné.

CHAPITRE 21 : Déterminer l'arc de révolution et l'angle horaire dans un lieu donné en connaissant l'heure locale.

CHAPITRE 22 : Déterminer la hauteur d'un objet vertical dressé sur la terre.

CHAPITRE 23 : Déterminer la largeur d'un fleuve et la profondeur d'un puits.

CONCLUSION : Comment tracer les courbes horaires et la courbe de l'*ᶜasr*.

3.2. Outils mathématiques utilisés dans le manuscrit

3-2-1. Définition du quadrant-sinus et règles d'usage

Pour construire un quadrant-sinus, on considère un quart de cercle de rayon unité, tracé sur un plan, délimité par deux lignes perpendiculaires qui se rencontrent en un point centre du quadrant. Un trou en ce centre permet de passer un fil. La bordure en arc du quadrant est subdivisée en quatre-vingt-dix parties égales, numérotées dans les deux sens de rotation. Les rayons extrêmes se nomment l'un le sexagène ou sinus total (rayon méridien) et l'autre le cosinus ou ligne de l'Est et l'Ouest ; chacun est divisé en soixante parties égales. Sur le fil, sont placés un indicateur (curseur) et un plomb à l'extrémité. La première opération consiste à sous-tendre le fil en position verticale, écarté d'un angle α de la ligne du cosinus tel que $b = \sin \alpha$ et fixer l'indicateur dans la position I telle que $a = OI.\sin \alpha$, O désigne le centre du quadrant. L'indicateur étant fixé dans sa position sur le fil, on passe à la deuxième opération. On déplace le fil à la position telle que la projection orthogonale de [OI] sur la ligne du sinus soit de longueur c. Le fil fait un angle β avec la ligne du cosinus. Le théorème de Thalès permet d'écrire dans la première situation : $a/b = OI/1$ et $b = \sin \alpha$; et dans la deuxième situation : $c = OI. \text{Sin } \beta$ et $c/\sin \beta = OI/1$. D'où : $a/b = c/\sin \beta = c/d$; dès lors $d = \sin \beta$.

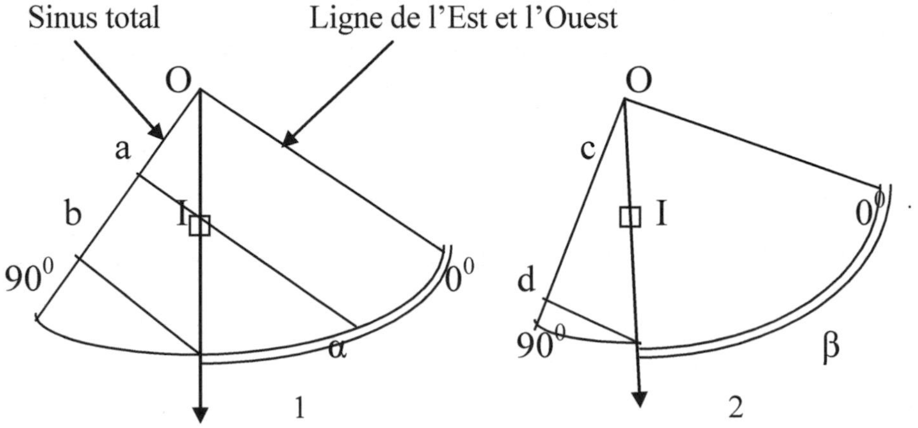

$a/b = OI/1$; $b = \sin \alpha$ $\qquad$ $c = OI. \text{Sin } \beta$; $d = \sin \beta$

Les méthodes géométriques employées par l'auteur sont celles de la trigonométrie plane et sphérique. L'usage des triangles rectangles, du théorème de Thalès et le théorème des sinus pour un triangle sphérique donne des explications aux formules utilisées par l'auteur pour résoudre les problèmes qu'il s'est posé. Les illustrations accompagnant le texte manuscrit sont obtenues par projection orthogonale ou stéréographique de certains arcs de cercle de la sphère locale ou la sphère céleste sur certains plans particuliers.

Comme l'affirme l'auteur du manuscrit, cette épître contient des règles de calcul et des techniques géométriques pour l'usage du quadrant-sinus. La principale règle de calcul utilisée consiste à déterminer la quatrième proportionnelle. Les termes des proportions sont des nombres réels compris entre zéro et un. À chaque terme, on fait correspondre un angle de mesure comprise entre 0^0 et 90^0. Supposons que $a/b = c/d$ avec a, b et c connus, et d est inconnu. Soit α l'angle tel que $\sin \alpha = \max(a, b) = b$ par exemple. Soit $L = a/\sin \alpha = a/b$, on cherche l'angle β tel que $L. \sin \beta = c$, nous obtenons alors $d = \sin \beta$.

Le but du manuscrit est purement technique. L'auteur vise à présenter le quadrant à sinus comme un instrument pratique et préciser son mode d'emploi dans des différentes situations ; cependant il ne donne pas de preuves mathématiques aux formules utilisées. Quelques problèmes sont étudiés, où les formules utilisées sont indiquées et expliquées en précédant la manipulation du quadrant-sinus relative à chaque situation.

3-2-2. Explications de quelques problèmes résolus par des manipulations simples du quadrant-sinus.

- *Calcul de « l'*asle *absolu » et « le sinus de la distance du diamètre ».*

On considère le méridien astronomique d'un lieu (cercle intersection du plan déterminé par l'axe du monde et la verticale du lieu avec la sphère céleste) de centre O et de rayon 1, on désigne par P, Z, N et S respectivement le pôle céleste nord, le zénith, le nord et le sud relatifs en ce lieu. Dans le plan de ce cercle on note QQ' la projection orthogonale de l'équateur céleste, DC le diamètre de l'orbite d'un astre, W le centre de l'orbite, I désigne la projection orthogonale de W sur le diamètre SN. Le point C désigne la position de l'astre à sa culmination et le point C' désigne la projection orthogonale de C sur la corde passant par W et parallèle à SN. Le segment *WI est appelé le sinus de la distance du diamètre de l'orbite, CC'* est *appelé « l'*asle *absolu » de l'astre*. Le rayon OZ coupe DC en B, le segment *OB est appelé le sinus de la hauteur dont l'azimut est nul*. Notons par φ la latitude du lieu (la hauteur du pôle P) et par δ la déclinaison de l'astre.

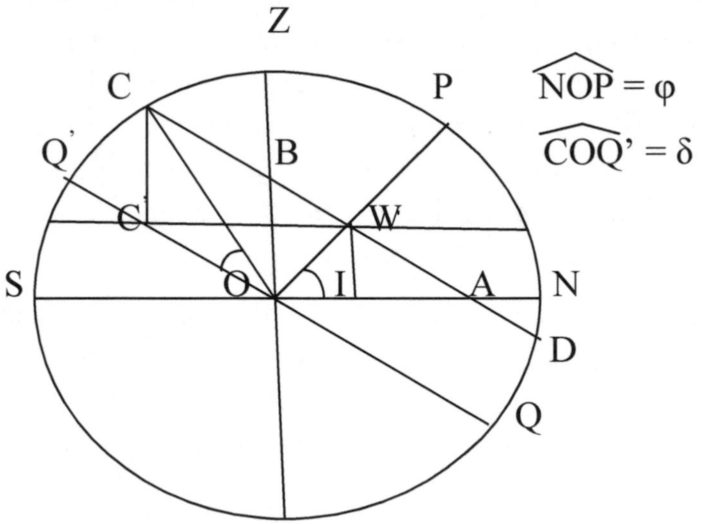

Les relations suivantes sont obtenues :

(1) $OB = \sin\delta / \sin\varphi$

(2) $CC' = \cos\delta . \cos\varphi$

(3) $WI = \sin\delta . \sin\varphi$

- *Déclinaison du soleil en fonction de son degré (chapitre 4)*

Dans le chapitre 4, l'auteur utilise l'équation suivante :

$$(4)\ \mathrm{Sin}\ \delta = \sin \lambda .\ \sin \delta e$$

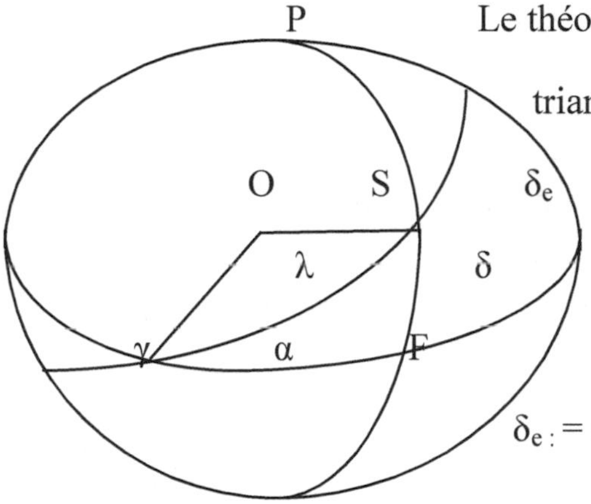

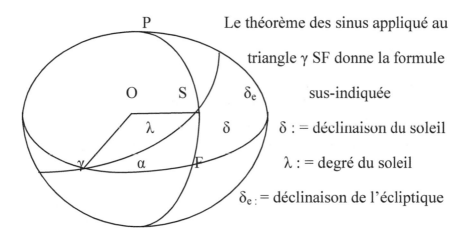

Le théorème des sinus appliqué au triangle γ SF donne la formule sus-indiquée

δ : = déclinaison du soleil

λ : = degré du soleil

δ_e : = déclinaison de l'écliptique

Pour l'utilisation du quadrant, l'auteur suggère la méthode suivante[2]:

« Si tu veux, tu poses le fil sur le sexagène et le *mūrī* sur le sinus de la déclinaison de l'écliptique puis tu déplaces le fil sur le degré alors le *mūrī* coïncide avec le sinus *mabsūt* de la déclinaison ».

"وإن شئت ضع الخيط على الستيني والمريء على جيب الميل الكلي وانقل الخيط إلى الدرجة يقع المريء على جيب الميل الجزئي".

Manipulation du quadrant-sinus par la formule (4).

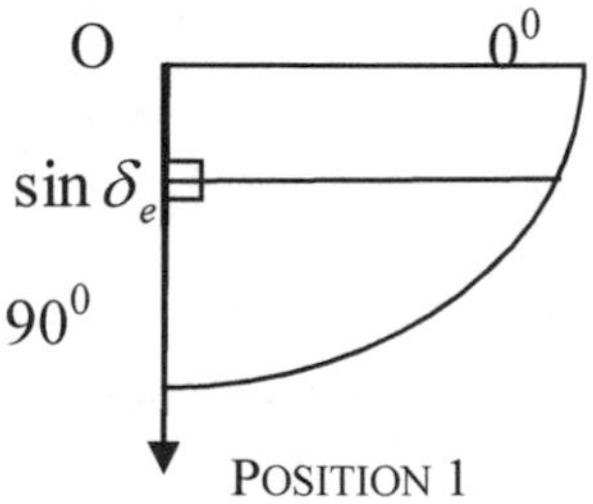

POSITION 1

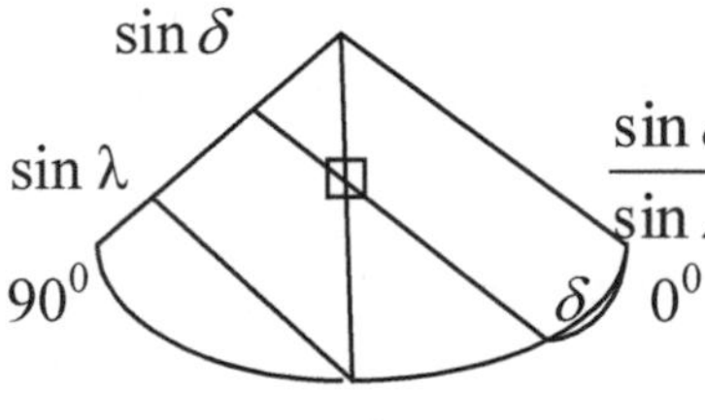

$$\frac{\sin \delta}{\sin \lambda} = \frac{\sin \delta_e}{1}$$

POSITION 2

[2] BnT [Ms. 17905.chap.4].

• *Détermination de l'ascension droite (chapitre 17).*

Notons par $\alpha = \Upsilon F$, l'ascension droite de S (soleil). Le théorème des sinus appliqué au triangle $SP\Upsilon$ donne :

(5) $\mathrm{Sin}\,\alpha = \sin\lambda.\ \cos\delta_e / \cos\delta$

Formule utilisée dans le chapitre 17

Manipulations du quadrant-sinus pour trouver α :

« Pour connaître l'ascension droite, tu poses le fil sur le complément de la déclinaison et le *mūrī* sur le cosinus de la déclinaison totale, puis tu déplaces le fil sur le degré du soleil et tu descends du *mūrī* à l'arc de hauteur..., tu obtiens l'ascension droite du degré demandé... » [3]

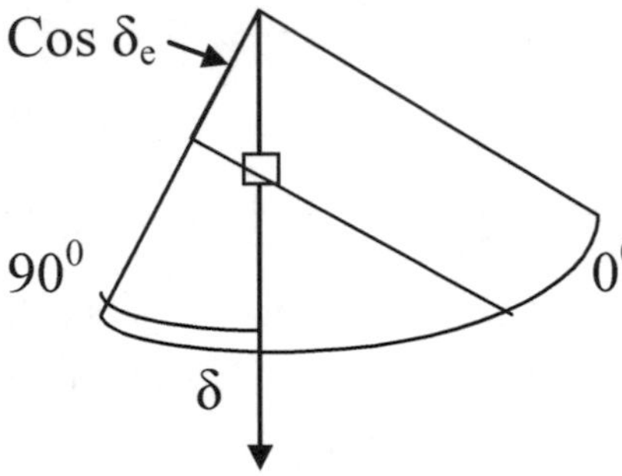

POSITION 1

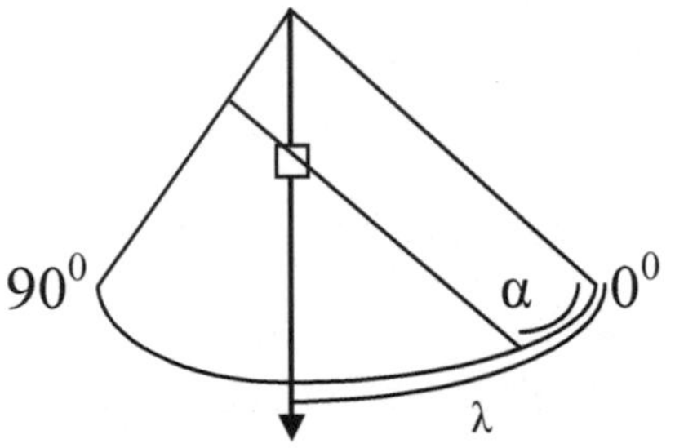

POSITION 2

• ***Détermination de l'angle horaire (chapitre 9)***

Définitions : Soit A une étoile sur la sphère locale. Le point P désigne le pôle céleste nord et le point P' désigne le pôle céleste sud. On appelle **cercle horaire de A** le demi grand cercle PAP'. La position de l'étoile A sur la sphère locale est déterminée si l'on connait ses coordonnées horaires :

1) L'angle que fait son cercle horaire avec le méridien céleste contenant le sud, compté en heures de 0h à 24h du sud vers l'ouest; cet angle est appelé **angle horaire de A** noté H.

[3] BnT [M.17905. chap. 17].

2) la déclinaison δ de A.

Désignons par S le soleil sur son orbite apparent, notons par C sa position de culmination, par h la hauteur de S et CC' **l'*asle* absolu**, SS' **l'*asle* moyen** et H l'angle horaire de S.

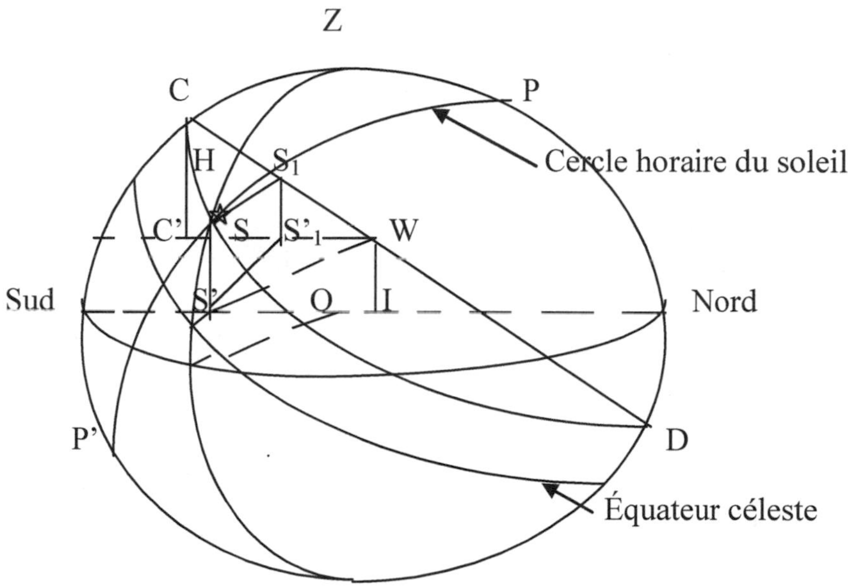

Les points S_1 et S_1' sont les projections orthogonales respectivement des points S et S' sur le plan du cercle méridien PZS. Il est clair que $S S' = S_1 S_1'$ et H = CWS et $WS_1 = \widehat{\cos H}$.

Le théorème de Thalès appliqué au triangle CWC' donne :

(6) $\cos H = S_1S_1'/CC' = SS'/CC'$

Aussi $SS' = \sin h - WI = \sin h - \sin \delta . \sin \varphi$ et $CC' = \cos \delta . \cos \varphi$ d'où

(7) $\cos H = (\sin h - \sin \delta . \sin \varphi) / \cos \delta . \cos \varphi$

Remarque : La formule (7) peut s'obtenir moyennant les relations trigonométriques, dites du groupe de Gauss[4], appliquées au triangle sphérique PZS. Ces formules sont connues depuis le Xe siècle, présentées

[4] Moreau [1997. 101].

par al-Baṭṭānī[5] dans son traité « *Islāḥ al-Mğisti* ». L'auteur du manuscrit a préféré présenter des fonctions auxiliaires (l'*asle* absolu, l'*asle* moyen et le sinus de la distance du diamètre) pour faire apparaître des proportions géométriques adaptées à la manipulation du quadrant.

Manipulations du quadrant-sinus pour trouver l'angle horaire H:

Étape1 : Déterminer CC' par la formule (2)

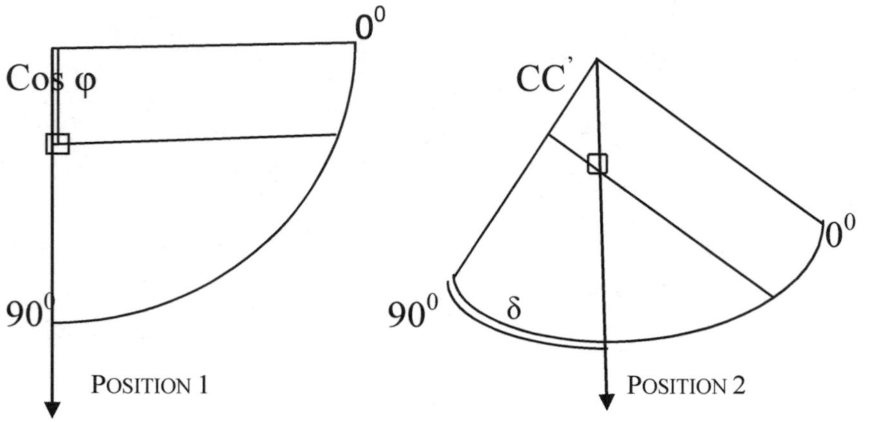

POSITION 1 POSITION 2

Étape 2 : Déterminer wI par la formule (3)

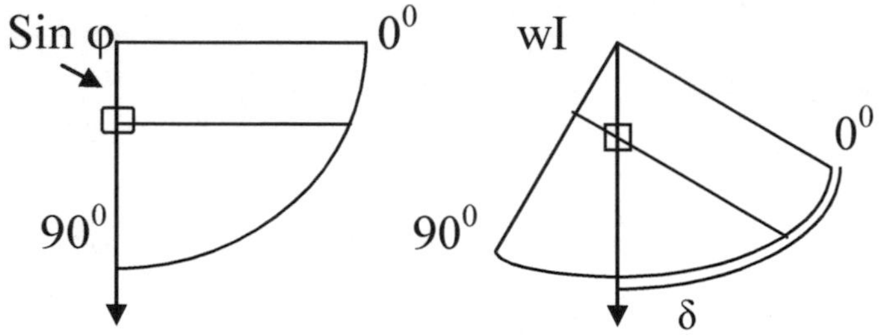

POSITION 1 POSITION 2

---

[5] Al-Battāni, né à Battān dans la région de Harrān et mourut en 920 dans la région Mossoul.

Étape 3: Déterminer H par la formule (6).

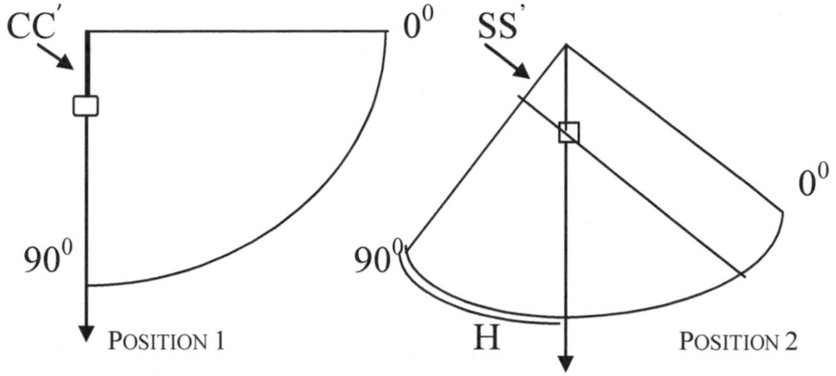

• **Déterminer l'azimut à partir de la hauteur (Traduction du chapitre 14 du manuscrit)**

« L'azimut est l'arc du cercle de l'horizon compris entre les intersections des deux cercles, celui de l'équateur céleste et celui de la hauteur, avec le cercle de l'horizon; comme l'indique le schéma suivant:

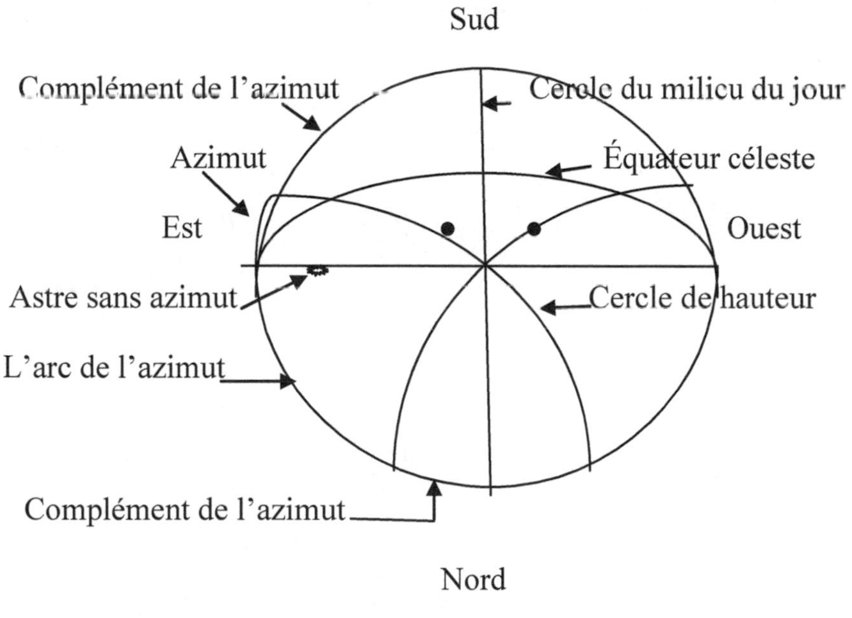

Pour trouver l'azimut tu poses le fil sur le complément de la latitude et tu fixes le *mūrī* dans la position qui indique la valeur de la différence entre le sinus de la *ghāya* (hauteur de la culmination) et le sinus de la hauteur, puis tu déplaces le fil sur la latitude et tu descends du *mūrī* au sinus total, tu ajoutes ce que tu trouves comme parties au cosinus de la *ghāya* si celle-ci était du nord, je veux dire du côté du nord. Tu prends la différence entre elles si la *ghāya* était du sud. Ce que tu trouves dans les deux cas est la correction de l'azimut. Puis tu poses le fil sur le sinus total et tu fixes le *mūrī* sur le cosinus de la hauteur, puis tu déplaces le fil jusqu'à ce que le *mūrī* tombe sur le sinus *mabsūt* qui indique la correction de l'azimut, alors le fil délimitera l'arc de l'azimut. Son côté est le côté de la latitude si l'astre est du nord et la hauteur est inférieure à la hauteur dont l'azimut est nul, sinon il sera du côté contraire à la latitude. Il est de l'Est si l'astre est de l'Est, il est de l'Ouest si l'astre est de l'Ouest, et Dieu sait tout. »

Explications

Soit a l'arc de l'azimut, h la hauteur de l'astre, c la hauteur de culmination de l'astre, et φ la latitude du lieu.

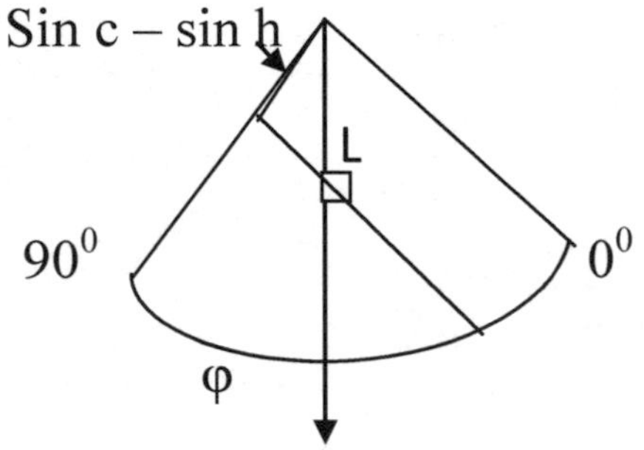

POSITION 1

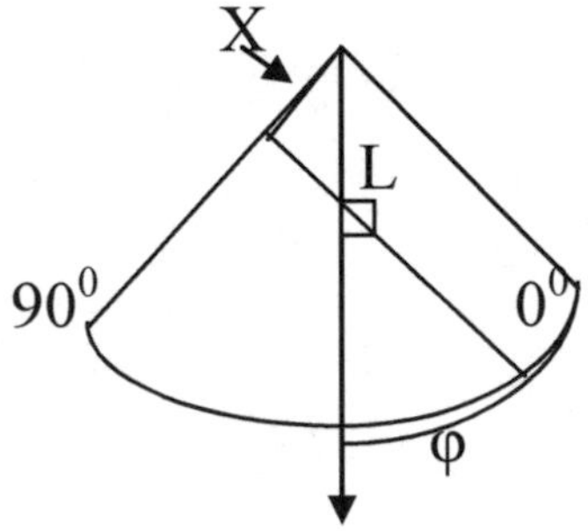

POSITION 2

$$(\sin c - \sin h) / \sin(\frac{\Pi}{2} - \varphi) = L = X/\sin \varphi$$

$$X = (\sin c - \sin h).\mathrm{tg}\, \varphi$$

Soit Δa la correction de l'azimut, alors :

$$\Delta a = X + \cos c, \text{ si l'astre du côté nord}$$

$$\Delta a = X - \cos c, \text{ si l'astre du côté sud}$$

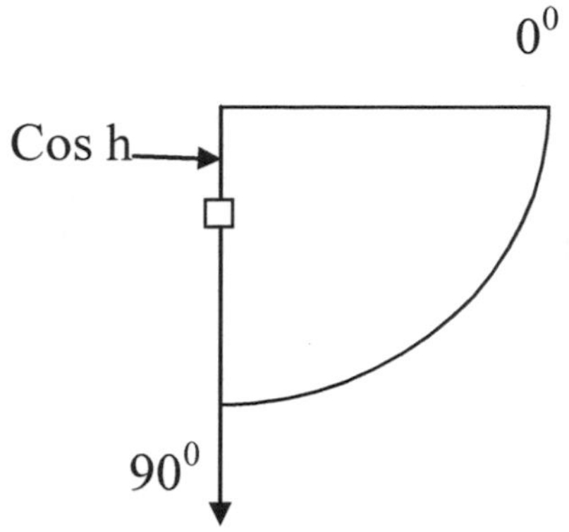

POSITION 3

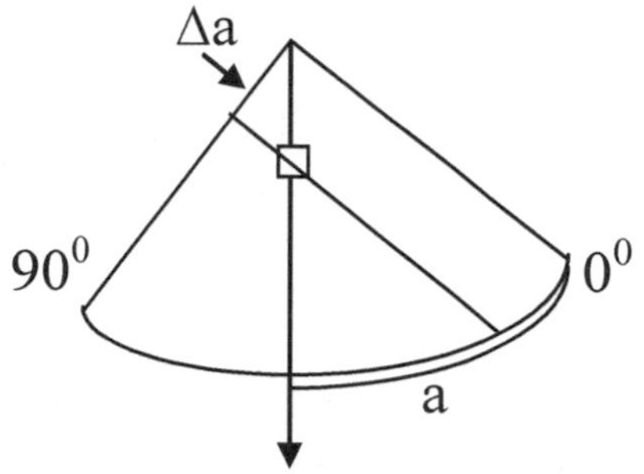

POSITION 4

On obtient ainsi :

$$(8) \quad \sin a = \Delta a / \cos h = \begin{cases} [tg\varphi(\sin c - \sin h) + \cos c] / \cos h, & si\ c\ est\ entre\ \ Z\ et\ P \\ [tg\varphi(\sin c - \sin h) - \cos c] / \cos h, & si\ c\ est\ entre\ \ S\ et\ Z \end{cases}$$

Cette formule est vérifiée et elle est correcte (voir chapitre 14)

- **L'azimut de la Qibla (Traduction du chapitre 15 du manuscrit)**

« L'azimut de la Qibla est un arc du cercle de l'horizon compris entre l'équateur céleste (دائرة معدل النهار) et le cercle passant par les pôles des deux horizons, je veux dire, ceux de la Mecque et de la ville, dans laquelle se fait l'opération. La distance entre les deux villes est l'arc du cercle passant par les pôles des deux horizons, situé entre les zéniths des deux villes. La longitude de la ville est l'arc de l'équateur céleste situé entre le cercle du milieu du jour (méridien astronomique du lieu) de la ville et le cercle du milieu du jour du dernier point de l'ouest. La différence entre les deux longitudes est l'arc de l'équateur céleste compris entre les cercles du milieu du jour des deux villes, comme le montre le schéma suivant :

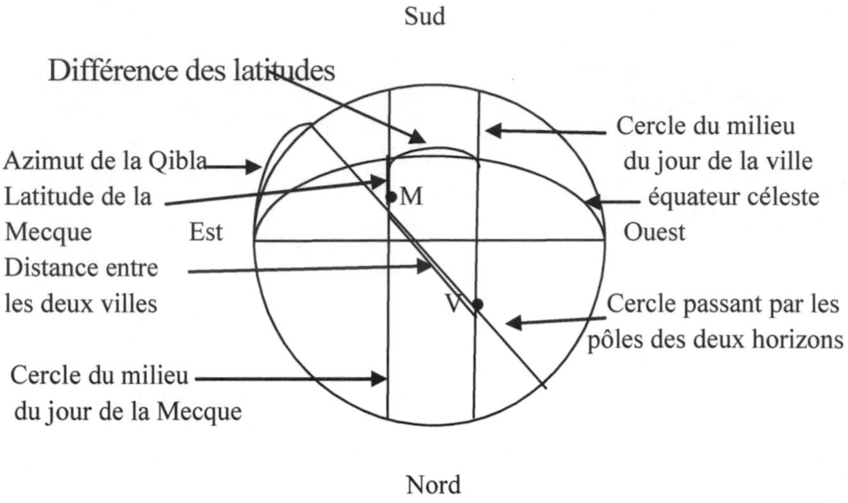

Pour trouver l'azimut de la Qibla, tu considères la latitude de la Mecque comme une déclinaison du côté nord, et tu détermines la distance du diamètre et l'*asle* (absolu). Puis tu poses le fil sur le sinus total et le *mūrī* sur l'*asle* (absolu). Tu considères la différence entre les deux longitudes comme un angle horaire, et tu poses le fil sur une quantité qui lui est égale à partir de l'extrémité de l'arc. Alors le *mūrī* indiquera un sinus, tu lui ajoutes la distance du diamètre, aussi tu obtiens le sinus de la hauteur de l'azimut de la Qibla. Tu en déduis l'azimut de cette hauteur qui est l'azimut de la Qibla. Si tu veux, tu peux poser le fil sur le complément de la hauteur et le *mūrī* sur le sinus de la différence des deux longitudes, puis tu déplaces le fil sur le complément de la latitude de la Mecque alors le *mūrī* indiquera le cosinus de l'azimut. Si le *mūrī* indique plus de soixante alors tu le retranches de cent vingt et il te reste le cosinus de l'azimut, puis tu descends par une ligne *mankūs* sur l'arc de hauteur. Tu trouves l'azimut. De la même manière tu peux connaître l'azimut des autres villes. Tu considères la latitude de la ville comme déclinaison du côté nord et tu détermines l'*asle* et la distance du diamètre et tu considères la différence entre les deux longitudes comme un angle horaire. Tu détermines la hauteur comme précédemment, puis tu en déduis son azimut par l'une des deux méthodes et ça sera l'azimut de la ville demandée. En ce qui concerne la direction, la ville, qui a la plus grande longitude est l'Est et celle qui a la plus grande latitude est le nord, ainsi tu sais dans quel quart se trouve la ville demandée. Pour trouver la distance entre les deux villes, tu cherches la hauteur de leurs azimuts. Le complément de cette hauteur est la distance (zénithale), tu la multiplies par cinquante-six et deux tiers tu auras la distance en milles entre les deux villes, et Dieu sait tout. »

Remarque La longueur (56+2/3) Milles est égale à 111,810 km et correspond à la longueur d'un arc mesurant un degré d'un grand cercle de la terre. Cette mesure a été effectuée au temps du calife al-Ma'mūn (786 à 808). Les mesures modernes donnent 111,644 km.

Explications :

Première méthode

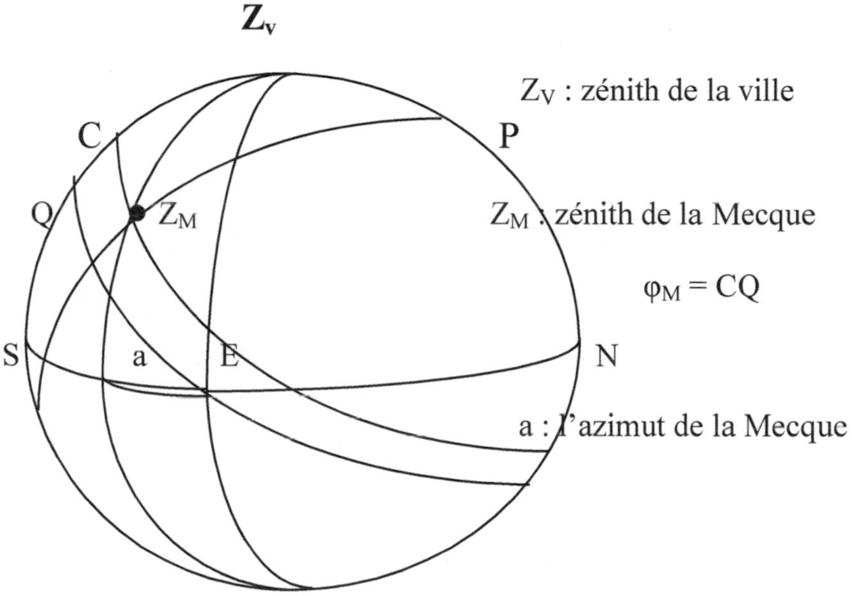

φ_M:= la latitude de la Mecque. Elle est considérée comme une déclinaison du côté nord. φ_V : = la latitude de la ville. Le sinus de la distance du diamètre: WI = $\sin\varphi_M.\sin\varphi_V$. L'*asle* absolu = $\cos\varphi_M.\cos\varphi_V$.

H := CZ_M = /Long V – Long M/, elle est Considérée comme un angle horaire. La hauteur du point C est noté c.

La hauteur h de l'azimut est donné par :

$$\sin h = \cos H.\ \cos\varphi_M.\cos\varphi_V + \sin\varphi_M.\sin\varphi_V.$$

La formule (8) donne l'azimut de la Qibla.

Deuxième méthode

La formule suivante, est vérifiée, peut aussi s'appliquer :

$$(9)\ \sin H/\cos h = \cos a/\cos \varphi_M$$

$$H := /\text{Long } V - \text{Long } M/$$

φ_M : = la latitude de la Mecque

φ_V : = la latitude de la ville

$$\sin h = \cos H.\ \cos\varphi_M.\cos\varphi_V + \sin\varphi_M.\sin\varphi_V$$

Manipulations du quadrant-sinus pour trouver l'azimut de la Qibla

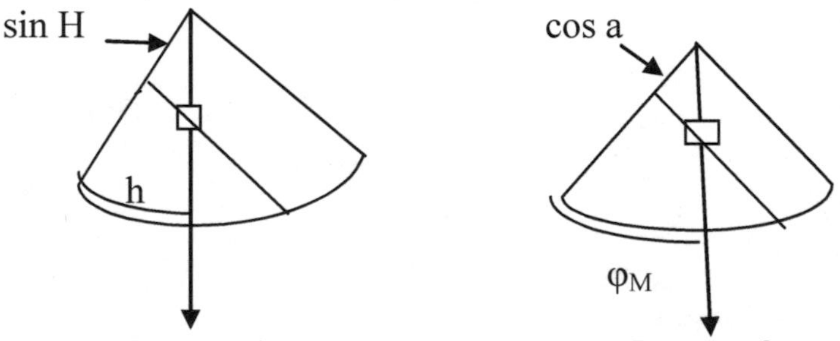

POSITION 1 POSITION 2

3-2-3. Discussion et Conclusions

La recherche bibliographique montre que les écrits sur le quadrant-sinus diffusés à travers le Maghreb arabe s'inspirent de deux principales écoles. La première école est maghrébine influencée par les travaux d'Abū-[c]Alī al-Ḥassan l-Marrākušī (Marrakech 1250 ap. J.-C). Son œuvre intitulée « *Recueil des commencements et des fins dans la connaissance des temps* » (جامع المبادئ والغايات في علم الميقات) était à la base de plusieurs écrits.[6] Al-Marrākušī utilisait les résultats des travaux, en matière de trigonométrie sphérique, d'al-Battānī, Azarqalī, Abū l-Wafā' et Jābir ibn al-Aflaḥ. La deuxième école est orientale est influencée par les travaux de ᶜAlā' ad-Dīn ibn aš-Šāṭir (Damas 1375 J-C) et Sabt-l-Mardīnī (Le Caire 1501). Le concours de ces deux écoles a favorisé le développement des aspects théoriques et pratiques du quadrant-sinus. Cet instrument utile pour la mesure des temps, l'orientation et les besoins d'arpentage, simple à utiliser, est vulgarisé au Maghreb médiéval.

Afin de situer le manuscrit que nous étudions par rapport à ces écoles, son contenu est comparé avec celui de ᶜAlā' ad-Dīn ibn aš-Šāṭir intitulé : « *Éclaircissement pour l'utilisation du quadrant-sinus* » (ايضاح المغيب في العمل بالربع المجيب). Dans son introduction, ibn aš-Šāṭir mentionne en substance, lorsqu'il a travaillé sur le quadrant-sinus, qu'il a constaté que celles-ci manquaient de rigueur et que les techniques utilisées dépendaient du lieu dans lequel se faisaient les opérations. Il précise que son intention est de rédiger une épître de connaissances et applications, complète, basée sur des démonstrations. Il ajoute qu'aucune personne, à sa connaissance, ne l'a précédé dans ce type de travail. Il dit aussi que quiconque, juste et sincère, examine ses applications, guidé par la raison, estimera qu'il est supérieur à tout autre écrit dans ce domaine. Cette épître contient deux-cent-cinq chapitres présentant différentes méthodes de résolution adaptées à chaque problème. Il traite de certaines questions qui ne sont pas abordées dans le manuscrit d'Abū l-Qāsim l-Anṣārī. Citons, par exemples, le calcul du degré du soleil sur l'écliptique, le calcul des heures temporaires et des heures égales ainsi que le calcul du descendant d'une localité. Cependant, dans ce traité, le calcul des durées du crépuscule et de l'aurore n'est pas abordé. Dans le manuscrit n⁰ 08971 de la Bibliothèque nationale de Tunis, Abū-l-Faḍl Abū-l-Qāsim l-Anṣārī commente un poème d'Ibn Ġānim et donne les définitions du crépuscule et de l'aurore. Il précise : le crépuscule est la rougeur qui reste sur l'horizon occidental après le coucher du soleil, et l'aurore

[6] Moḥamad Souissi [1982].

est la blancheur qui paraît à l'horizon oriental à la fin de la nuit. Le crépuscule finit lorsque le soleil est à 17^0 au-dessous de l'horizon. L'aurore commence lorsque le soleil est 19^0 au-dessus de l'horizon. Il ajoute que certains auteurs modernes ont considéré que le crépuscule est à 16^0 et l'aurore à 20^0.Dans le manuscrit n^0 1103 de la Bibliothèque royale de Rabat, cette idée a été présentée par Abū ᶜAlī l-Ḥassan al-Marrākušī, et adoptée par ses successeurs. Elle est approuvée par les plus habiles des auteurs modernes dont le très illustre et éminent cheikh ᶜAlā' ad-Dīn, connu sous le nom d'Ibn aš-Šāṭir. Le manuscrit étudié est donc une production de l'école maghrébine influencée, essentiellement par les travaux d'Abū-ᶜAlī l-Ḥassan al-Marrākušī.

Abū l-Qāsim al-Anṣarī est l'élève du šeiḫ ᶜAlī ibn Māmī Karbaṣa spécialiste d'astronomie. Il s'est penché sur les travaux de Ğamāl ad-Dīn al-Mardīnī. Les travaux de ce dernier sont influencés par l'œuvre d'Ibn aš-Šāṭir, emblème de l'école orientale. Ainsi donc les deux écoles, maghrébine (Andalousie et Maroc) et orientale (Damas et le Caire), ont contribué à la formation des astronomes de l'Ifriqiya (Tunisie) et leur ont permis d'innover.

Références

1- Abū-l-Faḍl Abū-l-Qāsim l-Anṣārī l-Mu'aḫḫar. رسالة مشتملة على قواعد حسابية وأعمال هندسية في العمل بربع الجيوب Manuscrit n^0 17905. BnT.

2- Abū-l-Faḍl Abū-l-Qāsim l-Anṣārī l-Mu'aḫḫar. خلاصة المعالم على منظومة ابن غانم. Manuscrit n^0 08971. BnT.

3- Abū-l-Faḍl Abū-l-Qāsim l-Anṣārī l-Mu'aḫḫar. رسالة في رسم البسيطة بالهندسة. Manuscrits n^0 8989 et n^0 8971. BnT.

4- ᶜAlā' ad-Dīn ibn aš-Šāṭir : (Damas 707-777 / 1304-1375). إيضاح المغيب في العمل بالربع المجيب . Manuscrit n^0 684.BNT.

5- Anthiaume, A et Sottas, J. (1910). « L'astrolabe-quadrant, Musée de Rouen, Recherches sur les connaissances mathématiques, astronomiques et nautiques au Moyen Âge ». Librairie Astronomique et Géographique. Éditeur G. Thomas. 11, Rue Sommerard-Paris, 1910.

6-The Biographical Encyclopedia of Astronomers, Springer, New York Springer, pp. 569-570, 2007.

7- Maẖlouf, M., 1932. شجرة النور الزكية في طبقات المالكية . دار الفكر.

8- Maḥfouḍ, M., 1994. تراجم المؤلفين التونسيين، دار الغرب الإسلامي- بيروت

9- Mercier, M.. « Cadrans islamiques anciens de Tunisie ». Cadran info n^0 29, p. 61. Mai 2014.

10- Mercier, M. « Qibla des cadrans islamiques anciens de Tunisie ». Cadran info n^0 30, p. 70. Octobre 2014.

11- King, D.A., An Overview of the Sources for the History of Astronomy in the medieval Maghrib. 2e Colloque maghrébin sur l'histoire des mathématiques arabes. Tunis, Décembre, 1988.

12- King, D.A., A survey of the Scientific Manuscripts in the Egyptian National Library. Winona, p. 90, 1986.

13- Souissi, M . « Présentation et analyse du livre » جامع المبادئ والغايات في علم الميقات de Abū-^{c}Alī l-Ḥassan l-Marrākušī. Journal des manuscrits arabes. T. 1. Livre 1. Janv., 1982.

3.3-Bibliographie générale sur le quadrant-sinus

A-Bibliothèque nationale de Tunis

1-Abū l-Faḍl abū-l- Qāsim l-Anṣārī

• Épître comprenant des règles de calcul et des méthodes géométriques pour l'usage du quadrant-sinus. Manuscrit n^0 17905.

• Résumé des connaissances du poème d'Ibn Ġanim. Manuscrit n^0 08971.

2- Sabt-l-Mardīnī : (né en 826 et décédé en 907 H. – 1501).

• Épître pour l'usage du quadrant-sinus. Manuscrit n^0 4071.

• Compétences de l'observateur pour tracer les lignes horaires. Manuscrit n^0 8992.

• Recommandations pour connaître l'angle horaire. Manuscrit n^{0} 8971.

3- ^{c}Abd-l-Rahmān ibn Ḥadj Aḥmed Tajūrī : (mort en 999 H. – 1621).

• Explications sur l'épître de Sabt-l-Mardīnī pour l'usage du quadrant-sinus. Manuscrits n^{0} 8997 ; 7118 et 4497.

4- Aṣṣūnbātī. Éclaircissements sur l'épître de Sabt-l-Mardīnī pour l'usage du quadrant-sinus. Manuscrits n^{0} 4828 ; 1565 ; et 8092.

5- ^{c}Alā' ad-Dīn ibn aš-Šāṭir : (Damas 707-777 H. – 1304-1375).

• Éclaircissements pour l'utilisation du quadrant-sinus. Manuscrit n^{0} 684.

• Informations pour les amis concernant le nécessaire pour la connaissance des astrolabes. Manuscrits n^{0} 18070 et 8092.

6- Abū-^{c}Alī-l-Ḥassan-l-Marrākušī : (Marrakech 660 H. –1250).

• Épître en astronomie. Manuscrit n^{0} 17962.

7- Ibn-l-Banna : (654-721 H. –1252-1321)

• Épître en astronomie. Manuscrit n^{0} 17962.

8- ^{c}Abd-l-Raḥman al-Fāssī : (mort en 773 H. – 1371).

• Poèmes en astronomie. Manuscrit n^{0} 9065.

9- Al-Kāmel.

• Le bijou ordonné pour l'usage du quadrant-sinus. Manuscrit n^{0} 1804.

10- Yūssuf al-Hajjām.

• Épître pour l'usage du quadrant-sinus. Manuscrit n^{0} 2349.

11- Moḥamed Souissī.

• Présentation et analyse du livre « *Recueil des commencements et des fins dans la connaissance des temps* » d'Abū-^{c}Alī-l-Ḥassan l-Marrākušī. Journal des manuscrits arabes. t. 1. Livre 1. Janv. 1982.

B- Bibliothèque ḥusseinite de Rabat

12- Sabt-l-Mardīnī. (Badr ad-Dīn l-Mardīnī).

- Épître pour l'usage du quadrant-sinus. Manuscrits n^{0} 6493 ; 938 ; 10176 ; 10408 ; 1638 ; 10366 ; 388 ; 6486 ; 4909.

- Épître pour l'usage du quadrant-sinus. Explications de ^{c}Abd-Allah ibn Ğamāl ad-Dīn ibn Ḥassīn aš-Šamī. Manuscrit n^{0} 6493.

13- ^{c}Abd-Allah ibn Ḫalīl l-Mardīnī : (mort en 809 H. – 1406).

- Épître pour l'usage du quadrant-sinus. Manuscrit n^{0} 6493.

14- ^{c}Abd-l-Rahmān ibn Ḥadj Aḥmed Tajūrī : (mort en 999 H. – 1621).

- Explications sur l'épître de Sabt-l-Mardīnī pour l'usage du quadrant-sinus. Manuscrits n^{0} 1009 ; 7917 ; 1921 ; 1380.

15- Soliman ibn Aḥmed l-Qaštalī al-Fāsī : (mort en 1208 H. – 1794).

- Pour ceux qui désirent des explications aux difficultés dans l'épître de Sabt-l-Mardīnī pour l'usage du quadrant-sinus. Imprimé à Fès en 1317 H. ; Manuscrits n^{0} 10177 ; 7917 ; 10056 ; 11984.

16- ^{c}Abd-l-Raḥman al-Fāsī : (mort en 773 H. – 1371).

- Poème pour l'usage du quadrant-sinus. Manuscrit n^{0} 7416.

17- Auteur non connu : Épître pour déterminer les cinq temps de prières avec le quadrant-sinus. Manuscrit n^{0} 1009.

18- Auteur non connu : Épître pour l'usage du quadrant-sinus. Manuscrit n^{0} 6624.

19- Abī ^{c}Abd-Allah Moḥamed ibn Aḥmed l-Mezzī : (mort en 750 H. – 1349).

- Poème pour l'usage du quadrant-sinus. Manuscrit n^{0} 1009.

20- Šihāb-ad-Dīn l-Majdi aš-Šafe[c]ī

• Institutions mathématiques pour connaître les fondements des questions. Manuscrit n⁰ 1103.

C- Bibliothèque nationale de Paris

21- Amélie Sédillot.

•- Mémoire sur les instruments astronomiques des Arabes. Paris, Imprimerie Royale,1841.

•- Les Comptes-rendus de l'Académie des Sciences. 14 Avril 1793. Rapport soutenu par Chasles ; Arago, Mathieu, ... sur la troisième inégalité lunaire ou variation et la contribution des Arabes.

•- Jean-Jacques Emmanuel Sédillot a publié un « *Traité des instruments astronomiques des Arabes* », composé au treizième siècle par Abū [c]Alī l-Ḥassan l-Marrākušī, ce traité est intitulé : *Recueil des commencements et des fins*, traduit de l'arabe sur le manuscrit 1147 de la Bibliothèque Royale par J. J. Sédillot, et publié par Amélie Sédillot en deux volumes 1834-1835.

D- Bibliothèque de Berlin

22- [c]Adnān Jaouedāt-To[c]ma : (né à Qarbala-Irak en 1941)

•- Épître sur le quadrant-sinus de Ğamāl ad-Dīn [c]abd-Allah l-Mardīnī. Catalogue des manuscrits arabes en Mathématiques. Mq. 100 (5943,3) Marburg.1982.

E- Bibliothèque de l'Escurial

23- Sabt-l-Mardīnī. Le quadrant-sinus. Manuscrit n⁰ 9687.

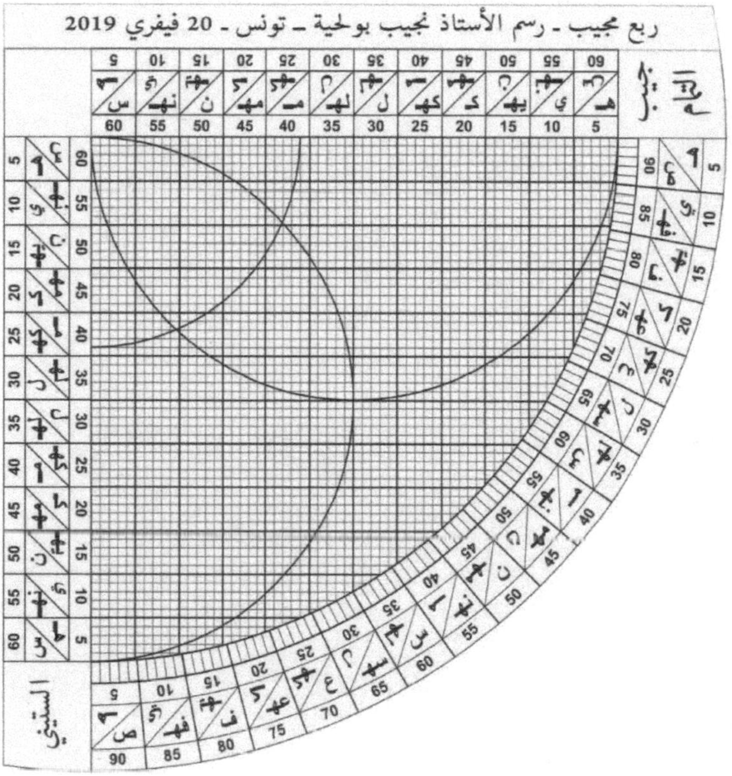

Quadrant-sinus, dessin de l'auteur.

4

TRADUCTION ET COMMENTAIRE DU TEXTE ARABE MANUSCRIT

Au nom d'Allah Le Clément, Le Miséricordieux. Qu'Allah bénisse notre seigneur Moḥamed, les membres de sa famille et ses compagnons et qu'il leur accorde le salut.

Voici ce que dit le maître, savantissime, spécialiste du calcul successoral, arithméticien, savant de la « connaissance des temps », être d'exception de son temps, unique à son époque, dont les louanges ont paré les langues de ses contemporains, dont la science a enregistré les explications et commentaires, mon seigneur Abū-l-Fadel, Abū-l-Qasim al-Anṣārī, surnommé al-Mu'aḫḫar, que Dieu soit satisfait de lui.

Louange à Dieu qui, par sa Puissance, a élevé les cieux, et a mis en rotation les cercles des sphères célestes, et, par sa Volonté, a aplati la terre et l'a étalé en voies de parcours, a mis en service les sphères, a organisé le Royaume terrestre et établi la gestion des Biens, Créateur, Maître de la Création et du Pouvoir, qui, par devers lui, détient l'ordre de libérer ou de retenir, le Savant, qui a connaissance de tout, qui a étendu la mer sur la terre qui l'entraine dans sa révolution, qui, par sa sagesse, a évalué les temps et, par sa Puissance, a mis les sphères en rotation dans un mouvement continu. Gloire à Celui dont la Puissance n'a pas de comparable, dont la Sagesse ne peut être mise à compétition dont la Grâce est sans limite, vers Lequel se fera le retour. J'atteste qu'il n'y a de Dieu qu'Allah, l'Unique, qui n'a pas d'associé ; témoignage d'un esclave qui le met en réserve pour le jour ou il aura à répondre des faits insignifiants et des actes importants. J'atteste que Moḥamed est son esclave et son Prophète Envoyé et Avertisseur, qu'Allah le bénisse et lui accorde le Salut, ainsi qu'à sa famille et ses Compagnons qui sont pris comme guides, en ce qui concerne la religion, comme en circulant, on est guidé par les astres.

Cette épître contient des règles de calcul et des opérations géométriques pour se servir du quadrant à sinus, qui est le meilleur instrument astronomique valable pour toutes les latitudes et pour en faire un usage correct. Son utilisation est basée sur les quatre nombres proportionnels tels que le premier est au second comme le troisième est au quatrième. Si tu connais trois nombres et ignores le quatrième, il est possible de déterminer comme il est décrit, à l'endroit adéquat, on en fait usage pour la détermination du nombre inconnu. L'usage du quadrant à sinus est basée là-dessus, comme tu le verras par la suite. Nous présentons dans l'ordre une introduction, vingt-trois chapitres et une conclusion.

Introduction : Définition du quadrant-sinus et nomenclature des lignes qui sont tracées dessus

Le quadrant-sinus est une figure plane délimitée par un arc de cercle et deux lignes droites perpendiculaires entre elles et se rencontrant en un point qu'on nomme le centre du quadrant : Le centre est un petit trou dans lequel on place un fil. L'arc de cercle subdivisé en quatre- vingt-dix parties égales dont les nombres sont inscrits dans l'ordre croissant et dans l'ordre décroissant s'appelle l'arc de hauteur. Les deux rayons extrêmes se nomment : L'un le sexagène (ستيني) ou sinus total et l'autre le cosinus ou ligne de l'Est et l'Ouest, chacun d'eux est divisé en soixante parties égales marquées par les nombres de zéro à soixante dans les deux sens. Les sinus « *mabsūt* » sont des lignes droites menées du rayon sinus total sur l'arc. On trace un cercle de même centre que celui du quadrant et de rayon égal au sinus de la déclinaison de l'écliptique, appelé cercle de déclinaison. On trace aussi un cercle de diamètre le rayon sinus total appelé cercle des sinus. On peut tracer l'arc de l'*ᶜasr* partant de l'origine de l'arc de hauteur et arrivant au niveau du (42+1/3) parties du rayon sinus total. Tout ce qu'on y place de plus est inutile. Le fil, le *mūrī* (indicateur), le *hadfa* (pinnule) et le plomb sont connus.

Quand nous disons prends de l'arc un certain nombre, du sexagène un certain nombre, ou ce que tu trouves comme parties, nous voulons dire les nombres commençant de l'origine de l'arc ou du centre. Quand nous disons une partie nous voulons dire un degré, qui est le cinquième du huitième du neuvième du cercle (1/360 du cercle = 1).

Pour vérifier l'exactitude de la construction du quadrant, tu mets le fil du quadrant sur le milieu de l'arc de hauteur, si celui-ci coupe tout ce qui est au-dessous de lui alors c'est juste sinon c'est faux. Ou bien tu prends un nombre sur le sinus total et un nombre égal sur le cosinus. Si au premier nombre correspond un arc, à partir de l'origine de l'arc de hauteur, de même mesure que l'arc correspondant au deuxième nombre partant de l'extrémité de l'arc de hauteur, alors c'est juste sinon c'est faux. Ou bien tu mets le fil sur l'un des rayons extrêmes et le *mūrī* sur un nombre de celui-ci et tu déplaces le fil sur l'autre rayon, si le *mūrī* indique le même nombre alors c'est juste sinon c'est faux.

Explication :

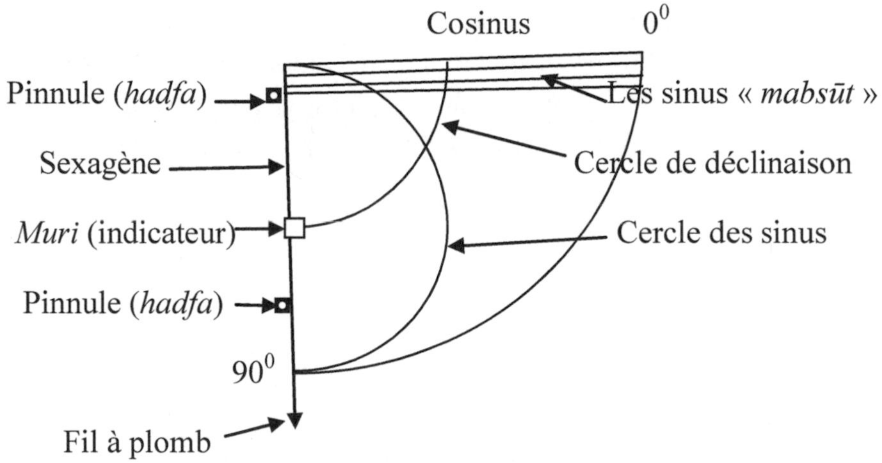

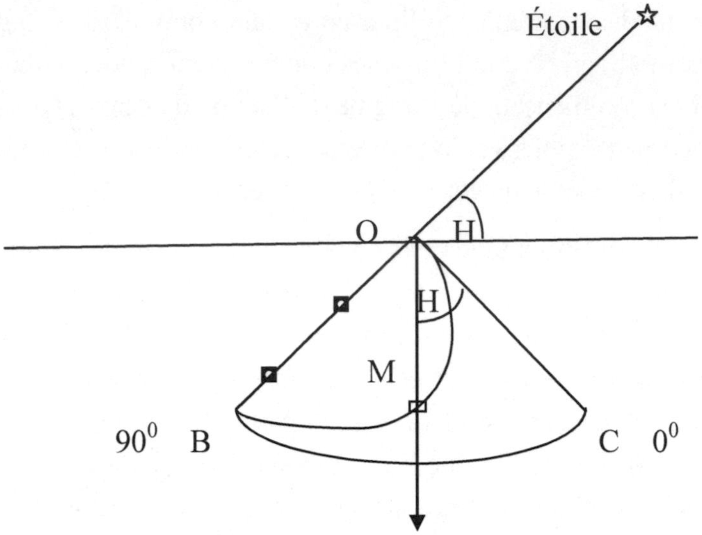

Sin H = OM, en effet :

Mes COM = mes OBM or sin OBM = OM/OB = OM/1

donc sin COM = Sin H = OM

Chapitre 1. Mesure de la Hauteur

La hauteur d'un point est un arc, du cercle qui passe par ce point et les deux pôles de l'horizon, cet arc est compris entre l'horizon et ce point. Le cercle de l'horizon sépare ce qui est visible de ce qui est caché, ses pôles sont le Zénith et le Nadir. Son dessin est le suivant :

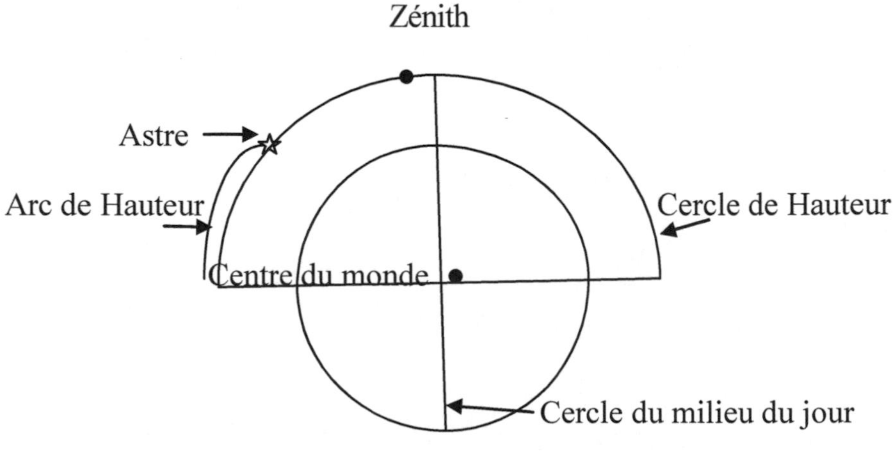

Pour déterminer la hauteur du soleil, prends le quadrant et place le de manière à ce que le bord qui n'a pas de *hadfa* soit du côté du soleil, et fais le tourner jusqu'à ce que le *hadfa* inferieur soit dans l'ombre du *hadfa* supérieur, sans que le fil entre dans le quadrant ou en sorte, et de manière que la surface du quadrant soit ni ombrée ni éclairée, et que le fil soit muni d'un poids afin que l'air ne le fasse pas mouvoir. La partie de l'arc séparée par le fil du côté de la ligne qui ne contient pas le *hadfa* sera la hauteur. Pour chercher la hauteur d'un objet non lumineux, place le quadrant entre ton œil et l'objet dont tu prends la hauteur et tournes l'instrument jusqu'à ce que l'objet soit sur l'alignement des *hadfas*. Le fil marquera la hauteur de l'arc, ou sa dépression si tu es du côté le plus élevé.

Chapitre 2. Comment trouver le sinus de l'arc et problème inverse

Le sinus de l'arc est une ligne menée d'une extrémité de cet arc perpendiculairement au diamètre issu de l'autre extrémité de cet arc. Il est égal à la moitié de la corde associé au double de cet arc. Si tu veux calculer le sinus d'un arc, tu prends la ligne *mabsūt* menée de son extrémité parallèlement au cosinus, cette ligne arrive au sexagène et détermine un nombre qui est le sinus de l'arc. La ligne menée de son extrémité parallèlement au sexagène indique sur la ligne de l'Est et l'Ouest le cosinus de l'arc. Si tu veux, tu poses le *mūrī* sur le cercle des sinus, si elle existe, et tu déplaces le fil sur le sexagène, il indique un nombre qui est le sinus de l'arc. Pour déterminer l'arc à partir de son sinus, tu considères sur le sexagène le point où le nombre indiqué correspond au sinus de l'arc et tu prends une ligne *mabsūt* issue de ce point, cette ligne coupe l'arc de hauteur en un point où il est indiqué un nombre, ce nombre est la mesure de l'arc cherché. Mais si tu prends le même nombre sur le rayon de l'Est et l'Ouest, la ligne *mankūs* (parallèle au rayon sinus total) issue du point correspondant coupe l'arc de hauteur en un point qui indiquera l'extrémité de l'arc complément de l'arc cherché.

Chapitre 3. Déterminer l'Ombre d'après la Hauteur et inversement

Il y'a deux sortes d'ombres : la première est l'ombre *mankūs* : c'est l'ombre du « *mekyās* » (gnomon) placé parallèlement au plan de l'horizon ; la deuxième ombre est l'ombre *mabsūt* (horizontale) est l'ombre du « *mekyās* » placé verticalement. Le rapport de la première au sinus de la hauteur est comme celui de la « *kāma* » (taille), qui est égale à douze parties, au cosinus de la hauteur. Si tu multiplies la « *kāma* » par le sinus de la hauteur et que tu divises le résultat par le cosinus de la hauteur tu trouves l'Ombre *mankūs*. La deuxième Ombre est au cosinus de la hauteur comme la « *kāma* » est au sinus de la hauteur. Si tu multiplies la « *kāma* » par le cosinus de la hauteur et que tu divises le résultat par le sinus de la hauteur, tu trouves l'Ombre *mankūs*. Ainsi l'Ombre *mabsūt* de la hauteur est égale à l'Ombre *mankūs* de son complément et réciproquement. Si tu veux, poses le fil sur la hauteur à partir de l'Origine de l'arc, et descends du sexagène par la « *kāma* » jusqu'au fil, puis descends du point d'intersection au cosinus, tu trouveras alors l'Ombre *mabsūt*. Si tu pars du cosinus par la « *kāma* » jusqu'au fil et que tu descends du point d'intersection au sinus total, tu trouves alors l'Ombre *mankūs*.

Remarque : Si tu descends avec la « *kāma* » et tu ne rencontres pas le fil, utilise une partie de la « *kāma* » et finis le travail, tu trouveras la même partie de l'Ombre. Pour trouver la hauteur à partir de l'Ombre, tu prends du rayon cosinus une quantité égale à l'Ombre *mabsūt* et tu prends du sinus total une quantité égale à la « *kāma* ». Poses le fil sur leur intersection, alors l'arc délimité par le fil désigne la hauteur. Ou bien tu prends sur le sinus total l'Ombre *mankūs* et sur le rayon cosinus une quantité égale à la « *kāma* » puis tu poses le fil sur leur intersection. Alors l'arc délimité par le fil désigne la hauteur.

Explication :

Kama : K

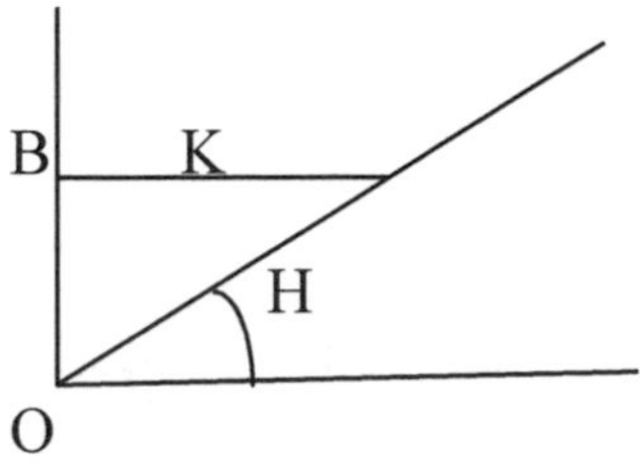

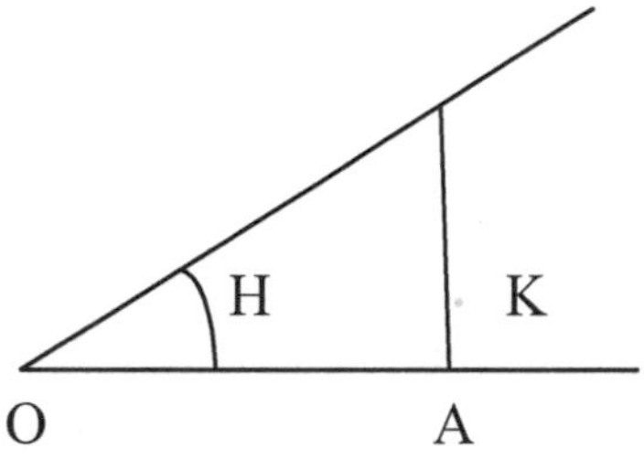

OB Ombre *mankūs*

OA Ombre *mabsūt*

OB/K = tgH ; OB = K.tgH

OA = K.cotgH

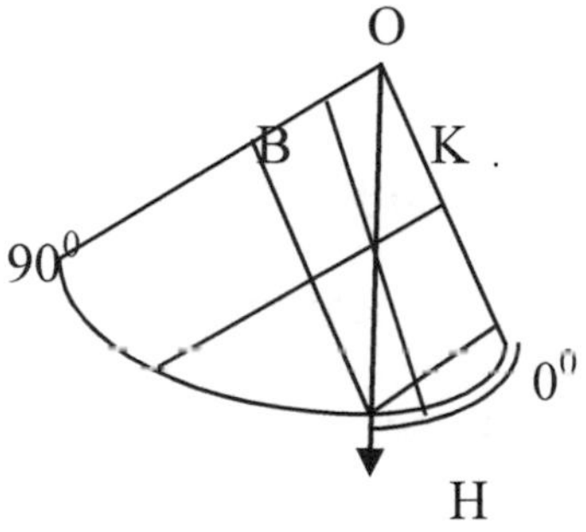

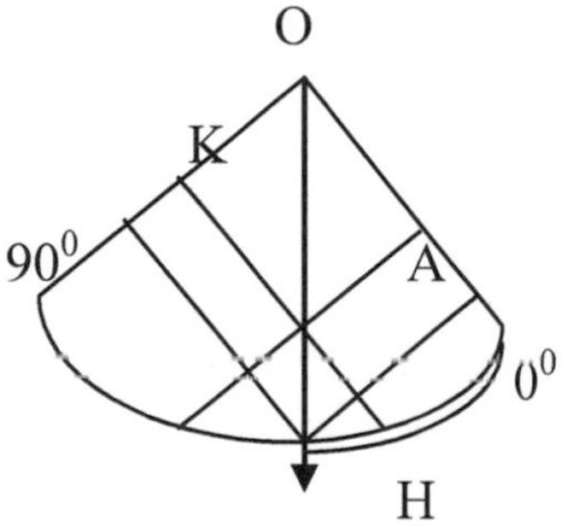

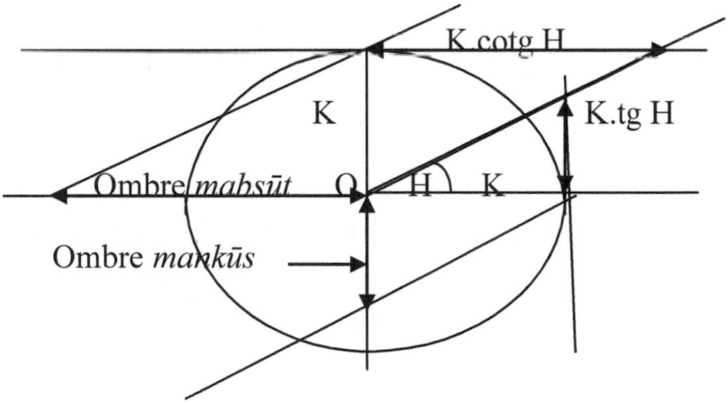

Chapitre 4. Déclinaison du Soleil connaissant la position du soleil sur l'écliptique, déterminer sa distance à l'équateur

Il y a deux sortes de déclinaison, la déclinaison partielle et la déclinaison totale. La déclinaison partielle est un arc d'un cercle passant par les pôles de l'équateur céleste et la chose dont on cherche la déclinaison, cet arc se trouve entre la chose et l'équateur céleste (c'est la déclinaison). La déclinaison totale est arc du cercle passant par les quatre pôles : les pôles de l'équateur céleste et les pôles de l'écliptique, cet arc se trouve entre l'écliptique et l'équateur céleste (c'est la déclinaison de l'écliptique). Ces deux déclinaisons se présentent comme suit :

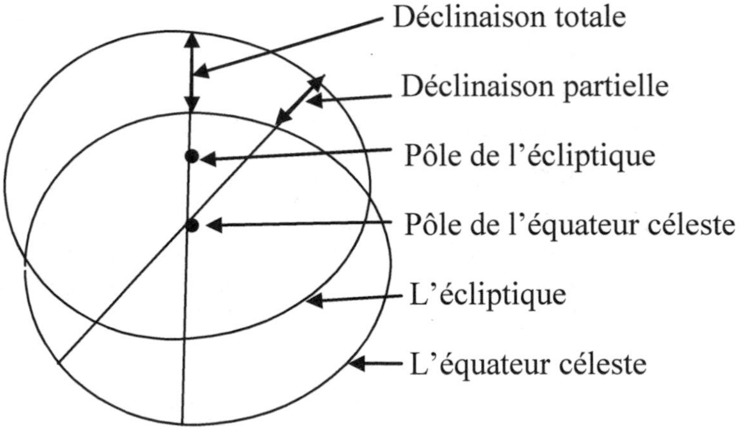

(Schéma obtenu par projection stéréographique de l'écliptique sur le plan de l'équateur céleste).

L'écliptique étant divisé en douze maisons, chacune est de trente degré commençant par le bélier. Si tu connais le degré du soleil (sa position sur l'écliptique) alors la proportion du sinus de sa déclinaison (partielle) au sinus de sa déclinaison totale (déclinaison de l'écliptique) est comme la proportion du degré au soixante. Si tu multiplies le sinus du degré par le sinus de la déclinaison de l'écliptique et tu divises le résultat par soixante tu trouves la déclinaison du soleil. Si tu veux tu poses le fil sur le sexagène et le *mūrī* sur le sinus de la déclinaison de l'écliptique puis déplace le fil sur le degré alors le *mūrī* tombe sur le sinus *mabsūt* de la déclinaison du soleil.

Pour connaître le degré à partir de la déclinaison, tu appliques le fait que la proportion du sinus du degré au soixante comme la proportion du sinus de la déclinaison au sinus de la déclinaison de l'écliptique. Si tu multiplies le sinus de la déclinaison par soixante et tu divises le résultat par le sinus de la déclinaison de l'écliptique, tu trouves le sinus du degré. Si tu veux tu poses le fil sur le sexagène et le *mūrī* sur le sinus de la déclinaison de l'écliptique puis déplaces le fil jusqu'à ce que le *mūrī* tombe sur le sinus de la déclinaison, alors la position du fil indiquera le degré. Si tu veux tu poses le fil sur l'intersection du sinus de la déclinaison et le cercle de déclinaison alors le fil indiquera le degré et tu connais de plus la saison où tu te trouves.

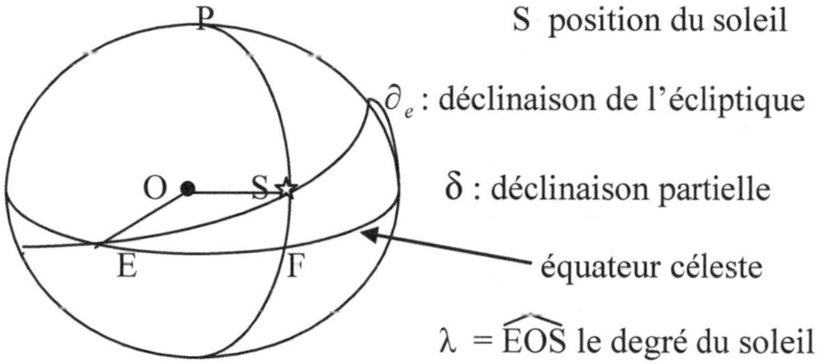

Dans le triangle sphérique ESF le théorème des sinus donne :

$$\text{Sin}\ \delta / \sin \delta_e = \sin \lambda / \sin \frac{\Pi}{2}, \text{ donc } \sin \lambda = \text{Sin}\ \delta / \sin \delta_e$$

Manipulation du quadrant-sinus

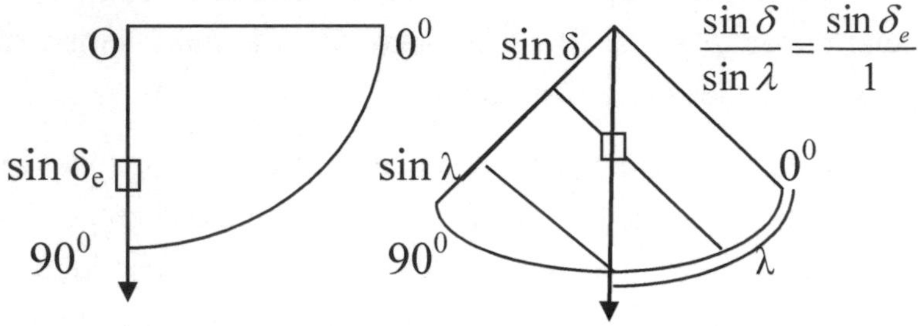

POSITION 1 POSITION 2

Remarque : La déclinaison de l'écliptique a été mesurée par al-Battānī, l'aurait trouve $23^0 35'$. Les calculs modernes montrent qu'il a fait une erreur d'une minute.

Chapitre 5. Comment connaître la latitude d'un lieu et la « *ghāya* » (hauteur méridienne)

La latitude d'un lieu est un arc du cercle du milieu du jour (méridien astronomique du lieu) compris entre le zénith et l'équateur céleste (c'est la hauteur du pôle céleste visible). Voila comment on la présente.

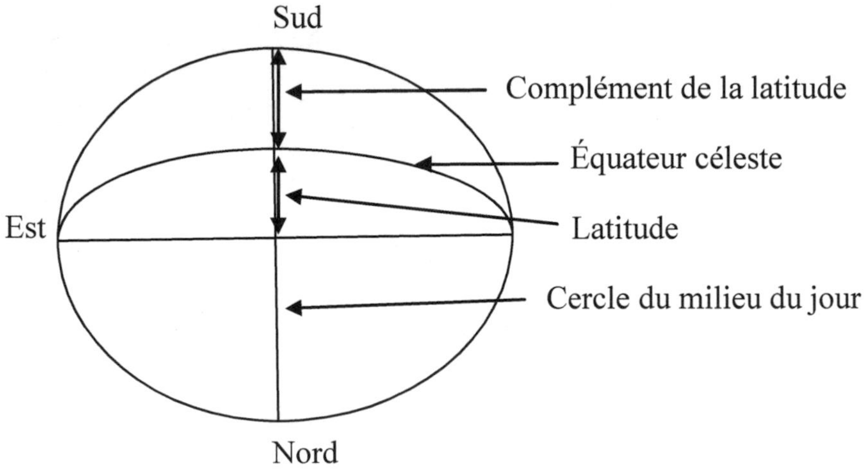

Pour trouver la latitude φ du lieu, tu dois observer la culmination (*ghāya*) d'un astre de déclinaison et δ de distance zénithale z. Si l'astre culmine au sud par rapport au zénith alors $\varphi = \delta + z$.

Si l'astre culmine entre le zénith et le pôle céleste nord alors $\varphi = \delta - z$. La *ghāya* (limite) de l'astre est la hauteur de l'astre à sa culmination, lorsqu'il passe par le cercle du milieu du jour.

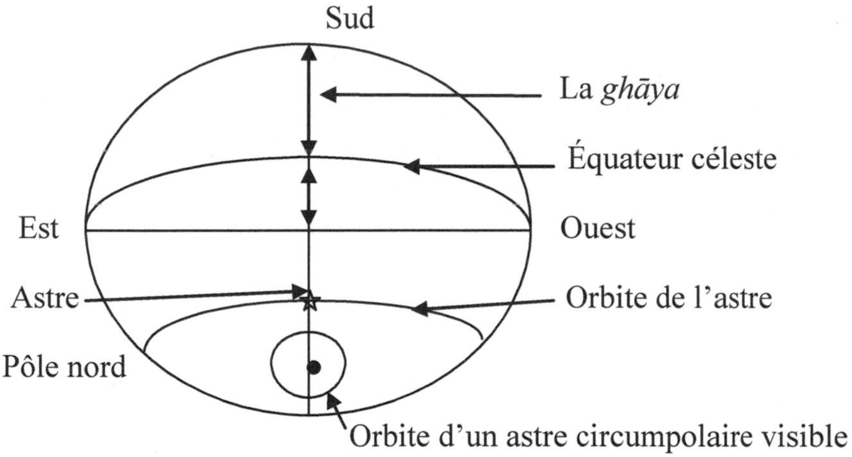

Soit h la hauteur de l'astre à sa culmination alors :

$h = \delta + (90^0 - \varphi)$, si $\delta \geq 0$; et $h = (90^0 - \varphi) - |\delta|$, si $\delta \leq 0$

- Si $\delta + (90^0 - \varphi) \geq 90^0$ alors $h = 90^0 - (\delta - \varphi)$
- Si $\delta = 0$ alors $h = 90^0 - \varphi$
- Si $\delta \geq (90^0 - \varphi)$, alors l'astre est circumpolaire visible si le pôle céleste nord est visible ; elle est invisible si le pôle céleste sud est visible.

Explication : Nous pouvons présenter la latitude sur la sphère locale, et par projection orthogonale sur le plan de l'horizon on obtient le dessin fait dans le manuscrit.

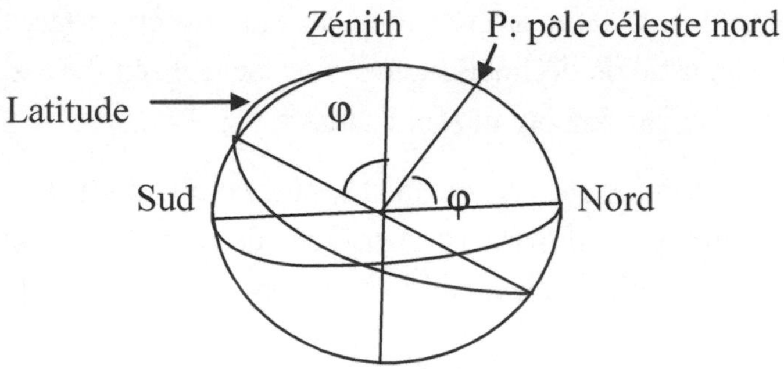

Soit A un astre qui culmine au zénith, soit B un astre qui culmine au sud par rapport au zénith et soit C un astre qui culmine entre le zénith et le Pôle céleste nord. Nous avons :

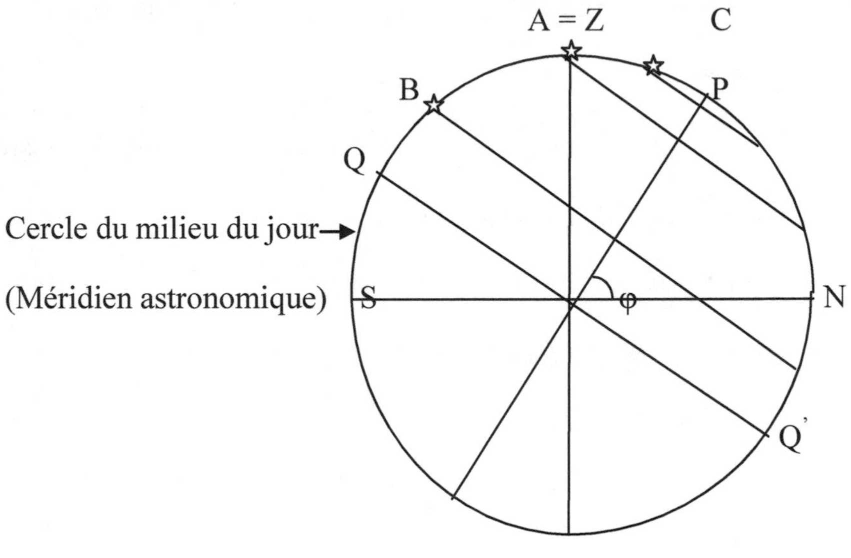

Pour A, $\delta = QA = NP = \varphi$

Pour B, $\delta = QB = QZ - BZ = \varphi - z$

Pour C, $\delta = QC = QZ + ZC = \varphi + z$

Ici z désigne la distance zénithale

Chapitre 6. Comment déterminer la distance du diamètre

L'orbite d'un astre est le cercle décrit par celui-ci dans son mouvement quotidien, son diamètre est au-dessus de l'horizon si la déclinaison de l'astre est positive, il est au-dessous de l'horizon si la déclinaison de l'astre est négative. La distance du diamètre de l'orbite est un arc du cercle tréponème (لوليبية), passant par les extrémités du diamètre horizontal de l'orbite de l'astre, compris entre le diamètre horizontal de l'orbite et le plan de l'horizon ; comme le montre le dessin suivant :

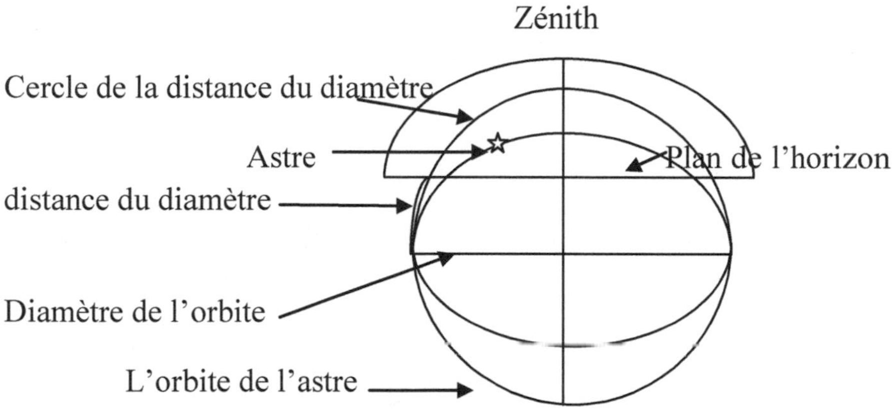

La proportion de son sinus (de la distance du diamètre) au sinus de la déclinaison est comme la proportion du sinus de la latitude au sinus total. Si tu multiplies le sinus de la déclinaison par le sinus de la latitude et tu divises le résultat par soixante tu trouves le sinus de la distance du diamètre. Si tu veux, tu peux poser le fil sur le sinus total et le *mūrī* sur le sinus de la déclinaison puis déplacer le fil sur la latitude alors le *mūrī i* indiquera le sinus *mabsūt* de la distance du diamètre.

Explication : Nous pouvons voir la distance du diamètre sur la sphère locale comme suit :

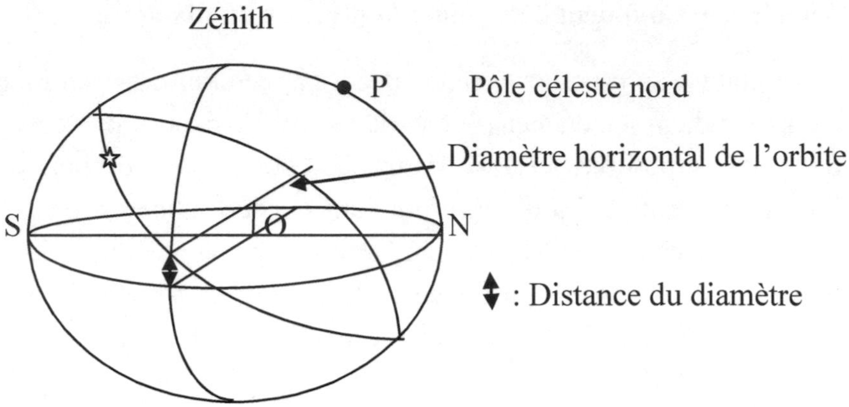

Manipulation du quadrant à sinus :

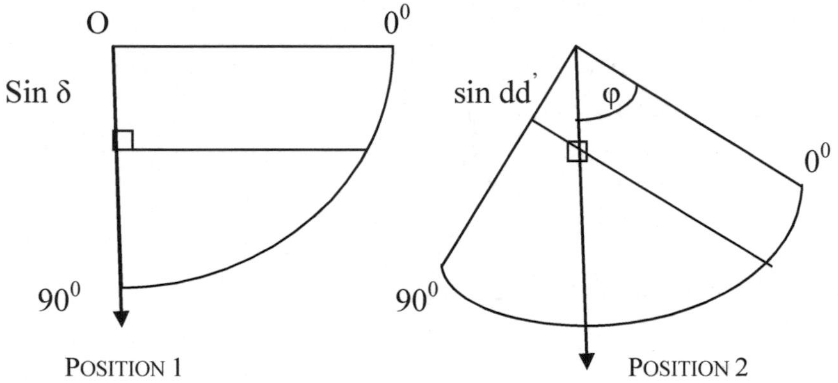

Posons dd' la distance du diamètre, on a $\sin dd' / \sin \varphi = \text{Sin } \delta / 1$

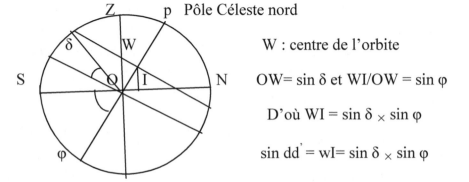

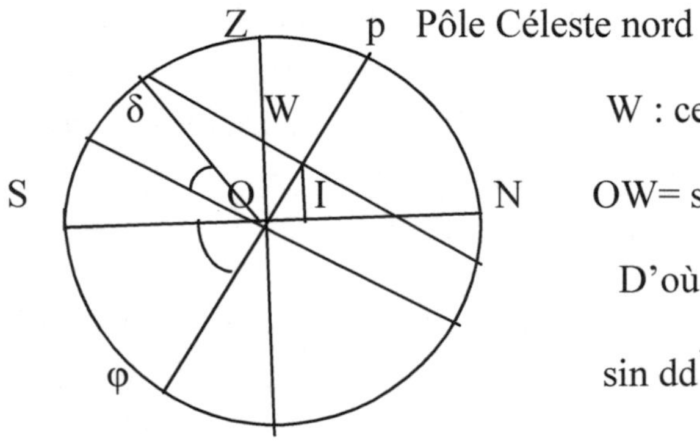

W : centre de l'orbite

$OW = \sin \delta$ et $WI/OW = \sin \varphi$

D'où $WI = \sin \delta \times \sin \varphi$

$\sin dd' = wI = \sin \delta \times \sin \varphi$

Le sinus de la distance du diamètre est le produit du sinus de la déclinaison par le sinus de la latitude du lieu ; il est égal à la distance du centre de l'orbite au plan de l'horizon (le rayon du cercle du milieu du jour égal à un).

Chapitre 7. l'*asle* absolu et l'*asle* moyen

L'*asle* absolu est une ligne issue de la position de culmination de l'astre perpendiculairement à la ligne du milieu du jour, s'il n'y a pas de déclinaison ; ou à une corde parallèle à la ligne du milieu du jour passant par le centre de l'orbite de l'astre de déclinaison non nulle, voila son dessin :

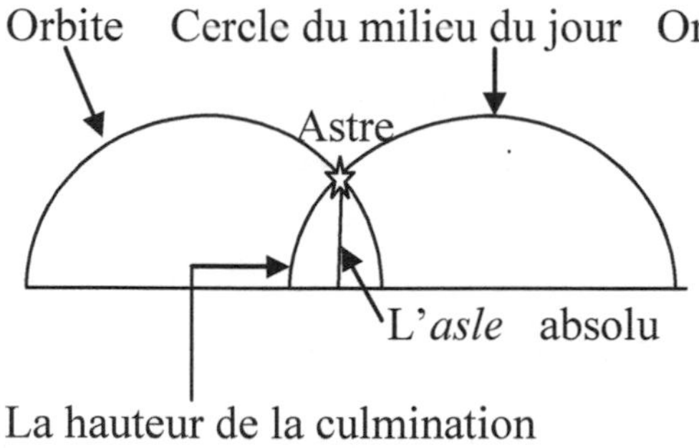

(1) Cas ou il n'y a pas de déclinaison

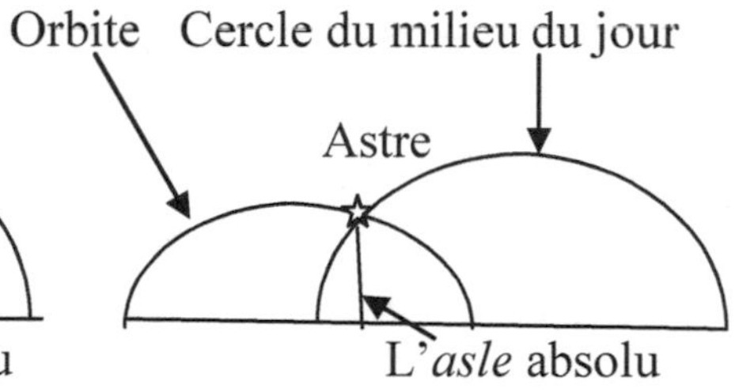

(2) Déclinaison sud

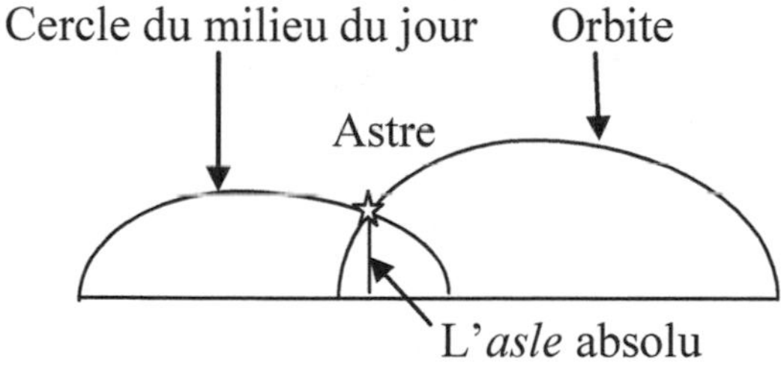

(3) Déclinaison nord

La proportion de l'*asle* absolu au cosinus de la déclinaison est comme la proportion du cosinus de la latitude au soixante. Si tu multiplies le cosinus de la latitude par le cosinus de la déclinaison et tu divises le résultat par soixante tu trouves l'*asle* absolu. Si l'astre n'a pas de déclinaison alors le cosinus de la latitude est égal à l'*asle* absolu. Si tu veux tu poses le fil sur le sexagène et le *mūrī* sur le cosinus de la latitude puis déplaces le fil au complément de la déclinaison alors le *mūrī* indiquera l'*asle* absolu. Si tu veux, tu ajoutes le sinus de la distance du diamètre au sinus de la déclinaison, si la déclinaison est négative (du sud) ; tu prends la différence si la déclinaison est positive (du nord), alors le résultat est l'*asle* absolu.

L'*asle* moyen est aussi une ligne issue de l'extrémité de l'arc de hauteur dans le plan du cercle de hauteur perpendiculairement à son diamètre s'il n'y a pas de déclinaison ou sur la corde parallèle au diamètre du cercle de hauteur liée au diamètre de l'orbite (passant par le centre de l'orbite) s'il y a déclinaison. Son dessin est comme le dessin de l'*asle* absolu mais tu considères le cercle de hauteur au lieu du cercle du milieu du jour. Tu ajoutes le sinus de la distance du diamètre au sinus de la hauteur si la déclinaison est négative (au sud), et tu prends la différence si la déclinaison est positive (au nord), le résultat obtenu est l'*asle* moyen. Si l'astre n'a pas de déclinaison alors le sinus de la hauteur est égal à l'*asle* moyen.

Explication :

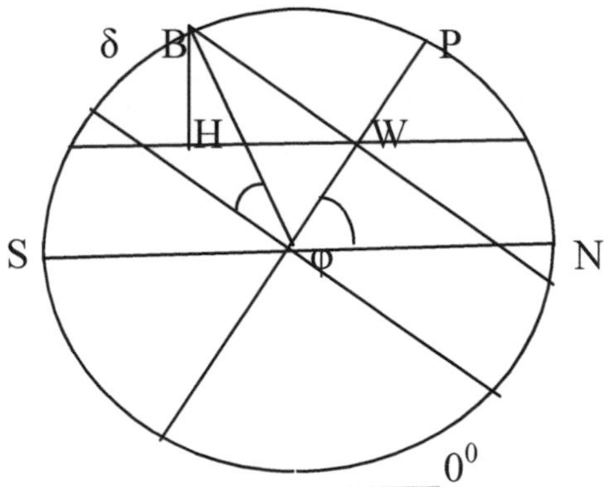

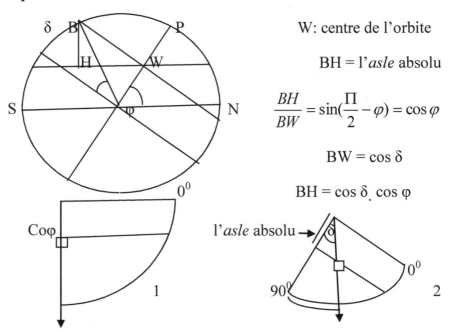

W: centre de l'orbite

BH = l'*asle* absolu

$$\frac{BH}{BW} = \sin\left(\frac{\Pi}{2} - \varphi\right) = \cos\varphi$$

$$BW = \cos\delta$$

$$BH = \cos\delta \cdot \cos\varphi$$

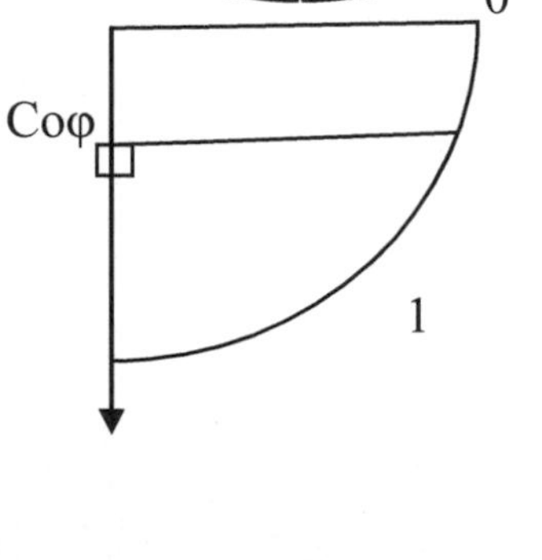

1

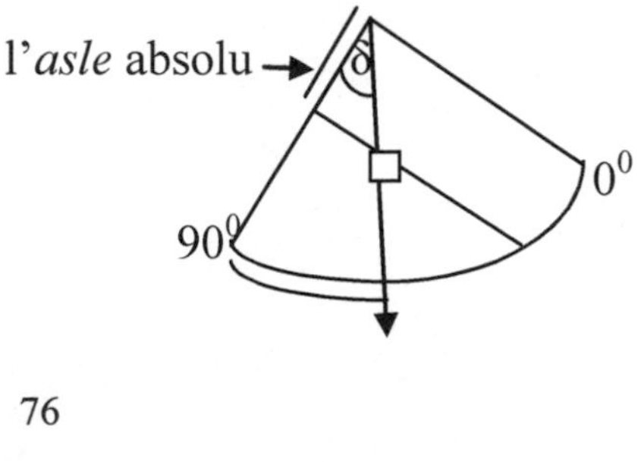

2

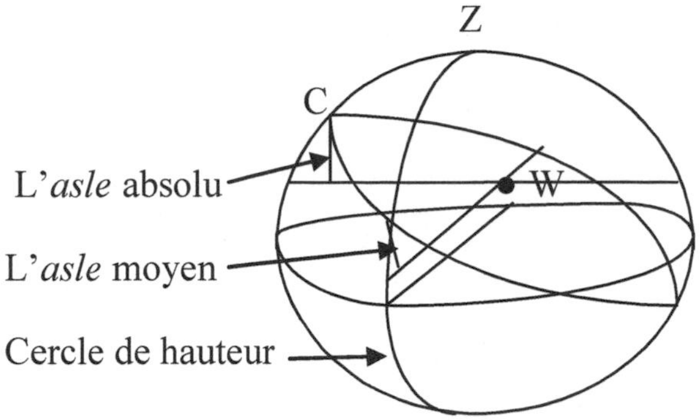

Soit C la hauteur de culmination de l'astre, on a donc :

Si $\delta \geq 0$, l'*asle* absolu = sin C-sin (distance du diamètre)

Si $\delta \leq 0$, l'*asle* absolu = sin C+ sin(distance du diamètre)

Chapitre 8. Comment trouver les deux arcs du jour et de la nuit et la correction du jour (L'équation du temps)

L'arc diurne d'un astre est l'arc de l'orbite qui se trouve au-dessus de l'horizon. L'arc nocturne est l'arc de l'orbite qui se trouve au-dessous de l'horizon. La moitié de l'arc diurne d'un astre est la portion de l'arc de son orbite compris ente son lever et sa culmination. La correction du jour est égale à la différence entre la moitie de l'arc diurne et quatre-vingt-dix comme l'indique le dessin suivant :

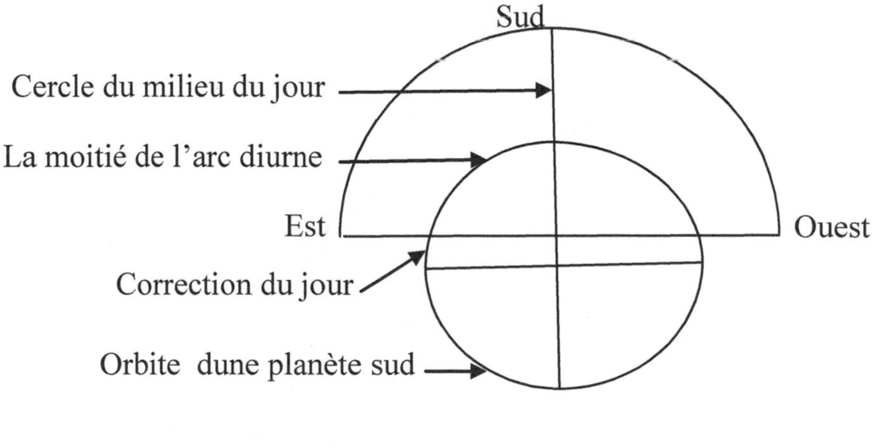

Explication : On peut voir la correction du jour sur la sphère locale comme suit.

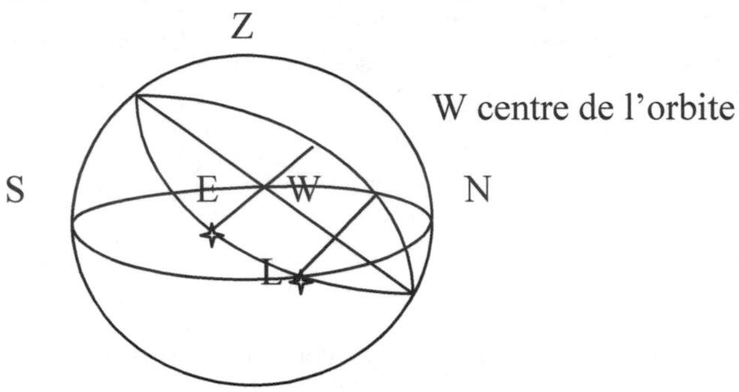

L'arc LE est la correction du jour. Par projection orthogonale sur le plan de l'horizon on obtient le schéma présenté dans le manuscrit.

La proportion du sinus de la correction du jour au sinus de la moitié de la latitude est comme la proportion du sinus du degré (position du soleil sur l'écliptique) à soixante. Si tu multiplies le sinus de la moitié de la latitude par le sinus du degré et tu divises le résultat par soixante tu trouves le sinus de la correction du jour. Si tu veux tu peux poser le fil sur le sinus total et le *mūrī* sur le sinus de la moitié de la latitude, puis déplace le fil au degré, alors le *mūrī* indique le sinus « *mabsūt* » de la correction du jour. Si tu trouves la correction du jour alors tu l'ajoutes à quatre-vingt-dix si le degré est du nord, et tu la retranches de quatre-vingt-dix si le degré est du sud ; le résultat que tu trouves est la moitié de l'arc diurne, son double est l'arc diurne.

Explication : soient φ la latitude du lieu, Θ la correction du jour et λ le degré du soleil sur l'écliptique.

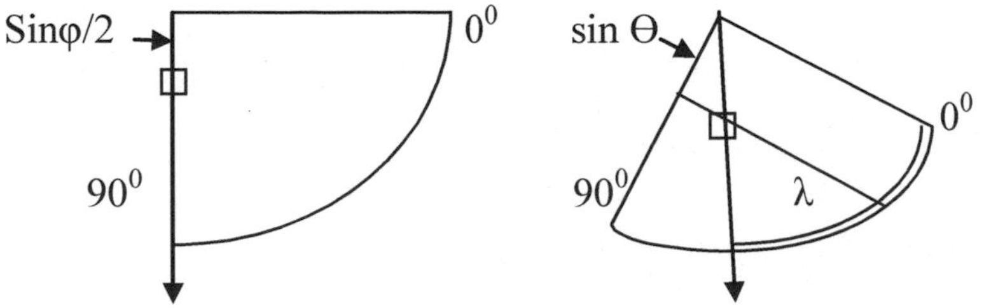

D'où $\sin \Theta / \sin \lambda = \operatorname{Sin} \varphi/2$ et alors $\sin \Theta = \sin \lambda \times \operatorname{Sin} \varphi/2$

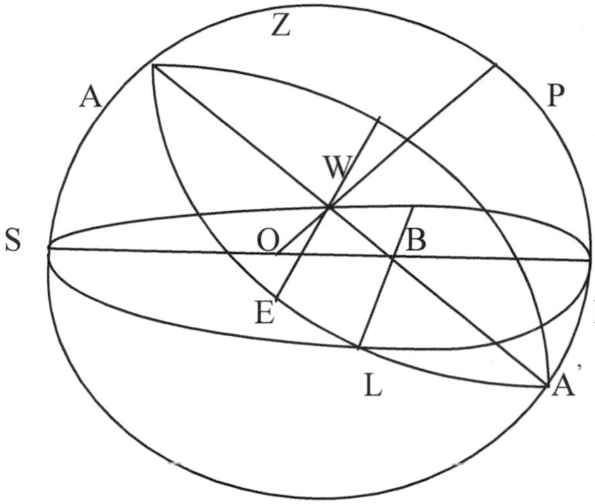

EL = Θ

sin Θ = WB/WL

Dans le triangle OWB

on a: WB = OW.tg φ

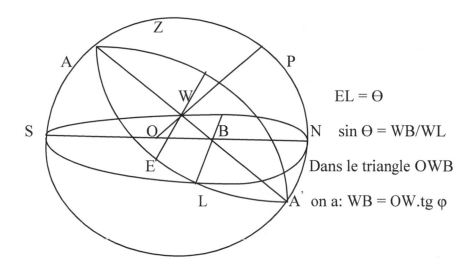

Dans le triangle OWA on a : WA = WL = OW. Cotg δ où δ est la déclinaison. (La déclinaison δ est l'angle OAW).

Alors sin Θ = OW.tg φ / OW. Cotgδ = tg φ. tgδ

Remarque : Dans le manuscrit n⁰ 684 à la bibliothèque nationale de Tunis, ᶜAlā' ad-Dīn ibn aš-Šāṭir a écrit au sujet du quadrant-sinus, en particulier au chapitre 102 et pour la détermination de la correction du jour, il suggère l'utilisation du quadrant-sinus de la façon suivante :

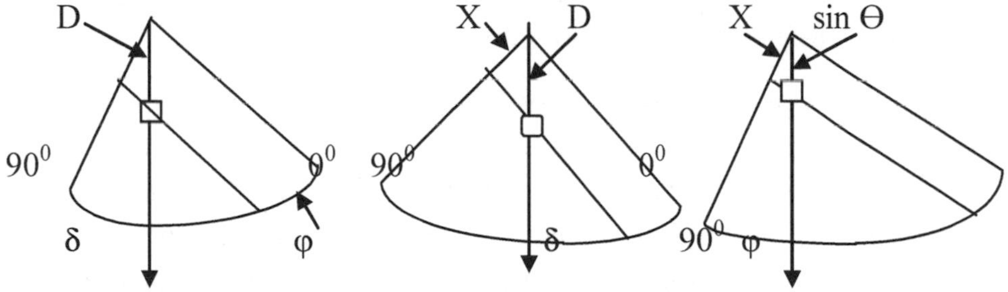

Ce qui permet d'écrire :

D/1= sin φ / cos δ ; D/1 = X / sin δ ; X / cos φ = sin Θ

D'où X / sin δ = sin φ / cos δ et sin Θ = sin δ. sin φ / cos δ. cos φ

D'où Sin Θ = tg δ.tg φ

Chapitre 9. Comment déterminer l'arc de révolution (*ad-dā'er*) et l'angle horaire (*faḍl ad-dā'er*)

«*Ad-dā'er*» est un arc de l'orbite de l'astre qui se trouve entre la position de l'astre et l'horizon oriental. Le « *Faḍl ad-dā'er* » (angle horaire) est l'arc de l'orbite compris entre l'astre et le cercle du milieu du jour (cercle astronomique du lieu), soit avant ou après le *zaouel* (midi), ceci est égal à la différence entre le demi-arc diurne de l'astre et son « *ad-dā'er* ». Pour trouver le «*faḍl ad-dā'er* », tu poses le fil sur le sexagène et le *mūrī* sur l'*asle* absolu puis déplace le fil jusqu'à ce que le *mūrī* tombe sur l'*asle* moyen. L'arc délimité par le fil et le sexagène est alors le «*faḍl ad-dā'er* » (angle horaire). Ceci est le reste pour le *zaouel* si tu étais en avant, et ce qui surpasse le *zaouel* si tu étais après. Pour trouver l'arc de révolution, tu retranches le «*faḍl ad-dā'er* » du demi-arc diurne si l'astre est de l'Est, et tu en ajoutes si l'astre est de l'ouest. Si l'astre est du nord et si le sinus de la distance du diamètre est plus grand que le sinus de la hauteur, tu retranches le plus petit du plus grand, le reste est égale au sinus de l'*asle* moyen. Si tu poses le *mūrī* sur l'*asle* moyen, après être passé par l'asle comme cela a été fait auparavant, alors ce qui est délimité par le fil à partir du début de l'arc de hauteur augmenté de quatre-vingt-dix est égal à «*faḍl ad-dā'er* ». Si le sinus de la hauteur est égale au sinus de la distance du diamètre alors l'angle horaire est égale à quatre-vingt-dix.

Pour obtenir la hauteur à partir de l'angle horaire, tu poses le fil sur le sexagène et le *mūrī* sur l'*asle* absolu puis déplace le fil d'un angle égale à l'angle horaire à partir de l'extrémité de l'arc, alors le *mūrī* indiquera l'*asle* moyen, tu lui ajoutes la distance du diamètre si l'astre est du nord, et tu en retranches si l'astre est du sud. Ce que tu trouves dans les deux cas est le sinus de la hauteur, cette manipulation est valable dans le cas où le «*faḍl ad-dā'er* » est inferieur à quatre-vingt- dix. Dans le cas où «*faḍl ad-dā'er* » est supérieur à quatre-vingt-dix, tu poses le fil sur sexagène et le *mūrī* sur l'*asle* absolu puis déplace le fil d'un angle égal à la différence de «*faḍl ad-dā'er* » et quatre-vingt-dix à partir de l'origine de l'arc, alors le *mūrī* indiquera un sinus (*mabsūt*) qui retranché du sinus de la distance du diamètre donnera le sinus de la hauteur et Allah sait tout.

Explication :

Soit H l'angle horaire. En faisant la même démonstration que dans le chapitre 4, On obtient : cos H = L'*asle* moyen/L'*asle* absolu.

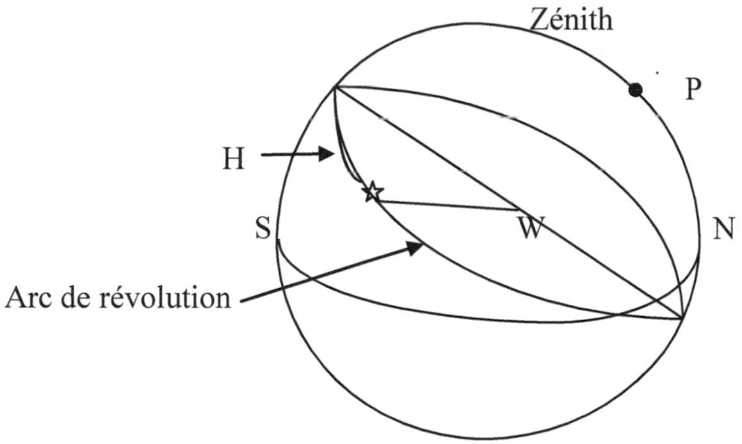

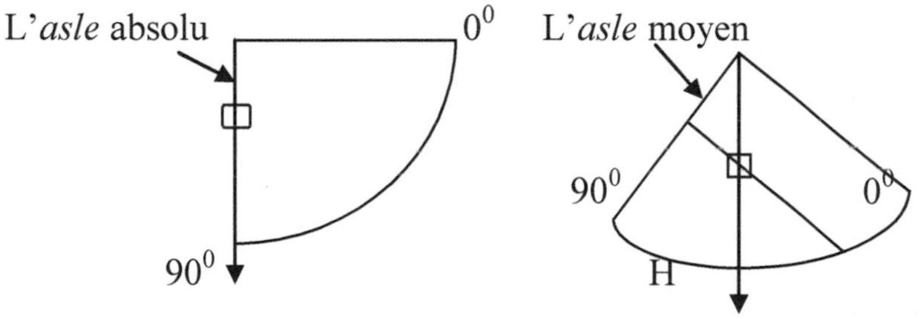

POSITION 1 POSITION 2

L'*asle* moyen+ sin (la distance du diamètre) = sin h

Sin (la distance du diamètre) = sin φ.sin δ (voir chapitre 6)

Chapitre 10. Comment déterminer la hauteur de l'^{c}*asr*, et l'augment de son arc de révolution et le temps qui s'écoule entre l'^{c}*asr* et le coucher du soleil.

L'ombre *mabsūt* de la hauteur de l'^{c}*asr* est égale à la somme de l'ombre *mabsūt* de la *ghāya* (point de culmination) et d'un *kāma* (gnomon), ceci détermine la hauteur. Si la courbe de l'^{c}*asr* est tracée sur le quadrant, poses le fil sur la *ghāya*, le sinus *mabsūt* passant par le point d'intersection du fil et de la courbe de l'^{c}*asr* donne sur l'arc de hauteur la hauteur de l'^{c}*asr*.

Prends l'augment de l'arc de révolution de l'^{c}*asr*, c'est-à-dire entre le *zaouel* et l'^{c}*asr*, tu le retranches du demi arc diurne tu trouves le temps qui reste pour le coucher du soleil.

Explication :

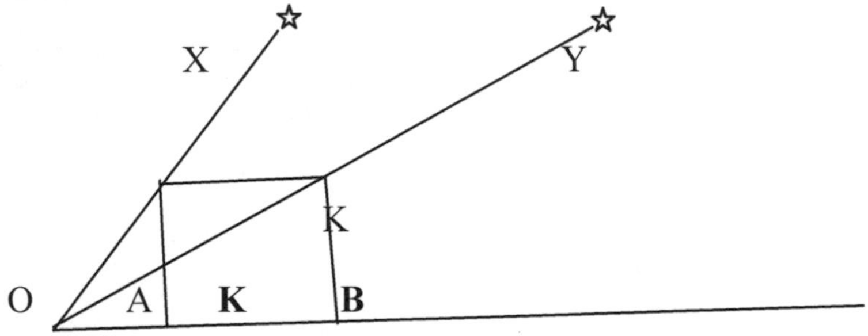

OA est l'ombre *mabsūt* de la *ghāya* (de midi)

OB est l'ombre *mabsūt* de l'^{c}*asr*

OB = OA+K

Chapitre 11: Déterminer les deux *ḥissas* (durées) du crépuscule et de l'aurore.

Dans le où la déclinaison est du nord : tu ajoutes au sinus de la distance du diamètre le sinus de 19^{0} pour trouver l'*asle* moyen de l'aube, Pour trouver l'*asle* moyen du crépuscule tu en ajoutes le sinus de 17^{0}. Dans le cas où la déclinaison est du sud : tu retranches au sinus de la distance du diamètre le sinus de 19^{0} pour trouver l'*asle* moyen de l'aube,

Pour trouver l'*asle* moyen du crépuscule tu en retranches le sinus de 17^0. Poses le fil sur le sexagène et le *mūrī* sur l'*asle* (absolu), ensuite déplace le fil jusqu'à ce que le *mūrī* tombe sur l'*asle* moyen. Puis prends l'arc compris entre l'origine de l'arc de hauteur et le fil et ajoute la correction du jour, si la déclinaison est du sud ; tu lui en retranche si la déclinaison est du nord. Tu trouves ainsi la *ḥissa* cherchée. Si la *ghāya* du Nadir est inférieur à 17^0 alors la première moitié de la déclinaison est la *ḥissa* de l'aurore et la deuxième moitié est la *ḥissa* du crépuscule, et Dieu sait tout.

Explication : soit $\overline{dd}$ la distance du diamètre à l'horizon.

Si $\delta > 0$: sinus $\overline{dd}$ + sinus 19^0 = l'*asle* moyen de l'aurore.

Sinus $\overline{dd}$ + sinus 17^0 = l'*asle* moyen du crépuscule.

Si $\delta < 0$: sinus $\overline{dd}$ - sinus 19^0 = l'*asle* moyen de l'aurore.

Sinus $\overline{dd}$ - sinus 17^0 = l'*asle* moyen du crépuscule.

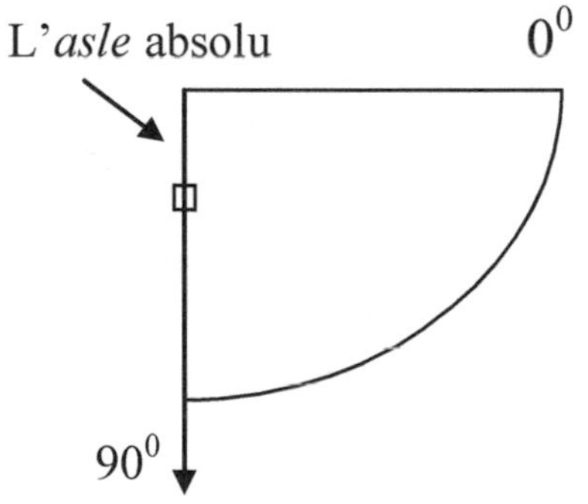

POSITION 1

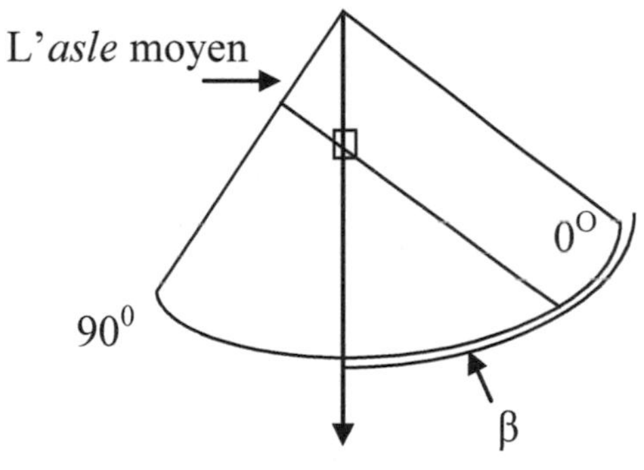

POSITION 2

Pour l'aurore :

Sin β = l'*asle* moyen/l'*asle* absolu = $(\sin 19^0 + \sin\delta.\sin\varphi)/\cos\delta.\cos\varphi$

$= \mathrm{tg}\delta.\mathrm{tg}\varphi + \sin 19^0/\cos\delta.\cos\varphi$

Soit Θ la correction du jour, alors la quantité de l'aurore est donnée par :

- $\beta - \Theta$, si $\delta > 0$
- $\beta + \Theta$, si $\delta < 0$

Pour le crépuscule :

Sin **β** = l'*asle* moyen/l'*asle* absolu = $(\sin 17^0 + \sin\delta.\sin\varphi)/\cos\delta.\cos\varphi = \mathrm{tg}\delta.\mathrm{tg}\varphi + \sin 17^0/\cos\delta.\cos\varphi$

Soit Θ la correction du jour, alors la quantité du crépuscule est donnée par :

- $\beta - \Theta$,si $\delta > 0$
- $\beta + \Theta$i, si $\delta < 0$

Approximation :

Puisque $\sin\Theta = \mathrm{tg}\delta.\mathrm{tg}\phi$ (voir chapitre 8) donc on obtient pour l'aurore :

$$\mathrm{Sin}\,\beta = \sin\Theta + \sin 19^0/\cos\delta.\cos\varphi$$

Posons $\varepsilon = \sin 19^0/\cos\delta.\cos\varphi$, un développement limité donne :

$$\beta = \mathrm{Arcsin}\,(\sin\Theta + \varepsilon) = \Theta + \varepsilon/\sqrt{1-\sin^2\theta} + \varepsilon^2/2\sin\Theta.(1-\sin^2\Theta)^{3/2} + \ldots$$

Dans le cas où la déclinaison est positive, la quantité de l'aube est :

$$\beta\text{-}\Theta \approx \sin 19^0/\cos\delta.\cos\varphi.\cos\Theta = \sin 19^0/\cos\delta.\cos\varphi.\sqrt{1-tg^2\delta.tg^2\varphi}$$

$$\beta\text{-}\Theta \approx \sin 19^0/\sqrt{\cos^2\delta.\cos^2\varphi - \sin^2\delta.\sin^2\varphi}$$

$$= \sin 19^0/\sqrt{\cos(\delta+\varphi).\cos(\delta.-\varphi)}$$

Exemple : Si $\delta = 23^0$ (solstice d'Été) et $\varphi = 36^0$, (la latitude de Tunis est $\varphi = 36^0 49'08''$) la quantité de l'aurore est :

$$\beta\text{-}\Theta \approx 0{,}325/\sqrt{0{,}515 \times 0{,}974} = 0{,}325/0{,}708 = 0{,}459^0$$

La quantité de l'aurore à Siliana ($\varphi = 36^0 05' 05''$) est environ de :

$\beta\text{-}\Theta = 27'32''$

Chapitre 12. Déterminer la largeur de l'orient et la largeur de l'occident

La largeur de l'orient est un arc du cercle de l'horizon compris entre le lever (de l'astre) et le point de l'Est. Elle est égale à la largeur de son occident.

La proportion du sinus de la largeur de l'orient au 60 (graduation du sexagène) est comme la proportion du sinus de la déclinaison au cosinus de la latitude. Si tu multiplies le sinus de la déclinaison par 60, et tu divises le résultat par le cosinus de la latitude, tu trouves le sinus de la largeur de l'orient. Si tu veux, tu peux poser le fil sur le complément de la latitude et le *mūrī* sur le sinus de la déclinaison, puis déplaces le fil sur le sexagène, alors le *mūrī* coïncide sur le sinus de la largeur de l'Orient. Ceci est valable si la déclinaison est inférieure au complément de la latitude. Dans le cas contraire l'astre est circumpolaire visible ou circumpolaire invisible, et Dieu seul nous aidera.

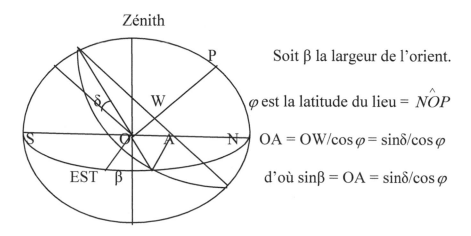

Explication :

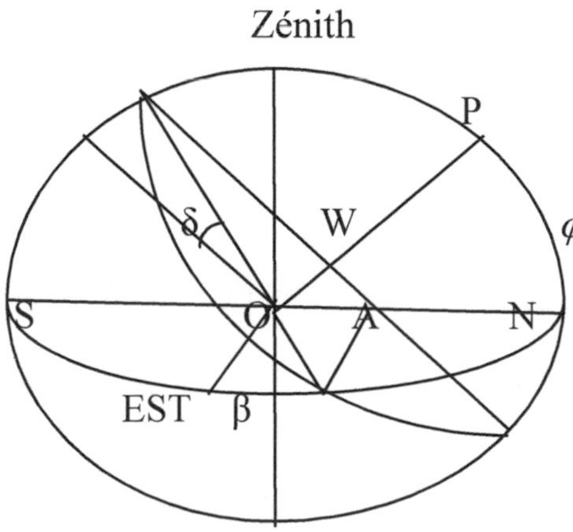

Soit β la largeur de l'orient.

φ est la latitude du lieu = $N\hat{O}P$

$OA = OW/\cos\varphi = \sin\delta/\cos\varphi$

d'où $\sin\beta = OA = \sin\delta/\cos\varphi$

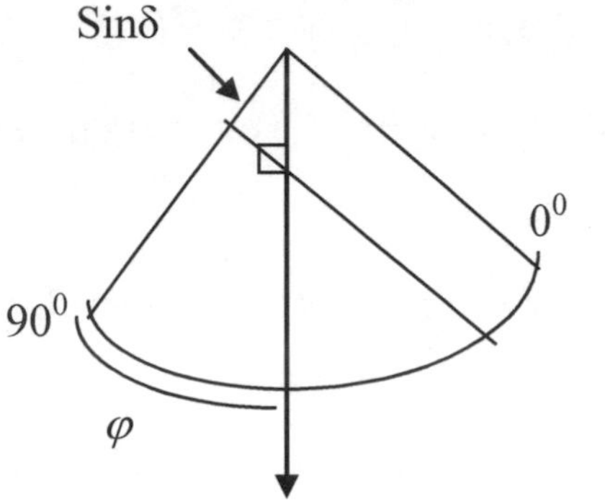

POSITION 1

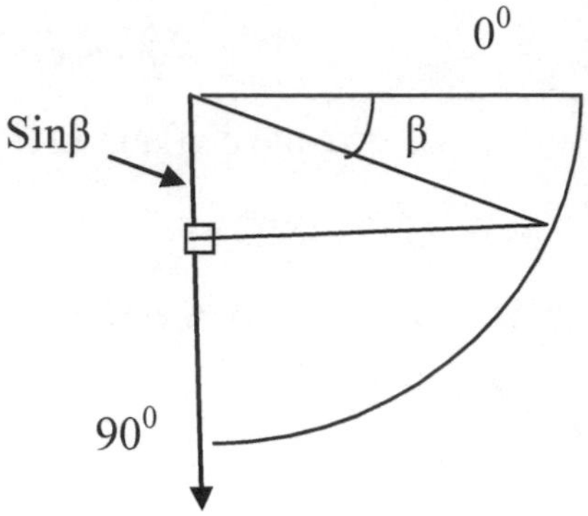

POSITION 2

Chapitre 13. Comment déterminer la hauteur d'un astre dont l'azimut est nul

La hauteur qui est sans azimut est arc du cercle du début des azimuts. Cet arc se trouve entre l'horizon et le point par où passe l'astre pour la première fois à travers le cercle du début des azimuts. Ce cercle est le cercle passant par les pôles du cercle du milieu du jour (cercle méridien) et par les pôles du cercle de l'horizon. La hauteur sans azimut existe pour la latitude nord lorsque la déclinaison est du nord (est positive) et est inferieure à la latitude. Voici sa représentation :

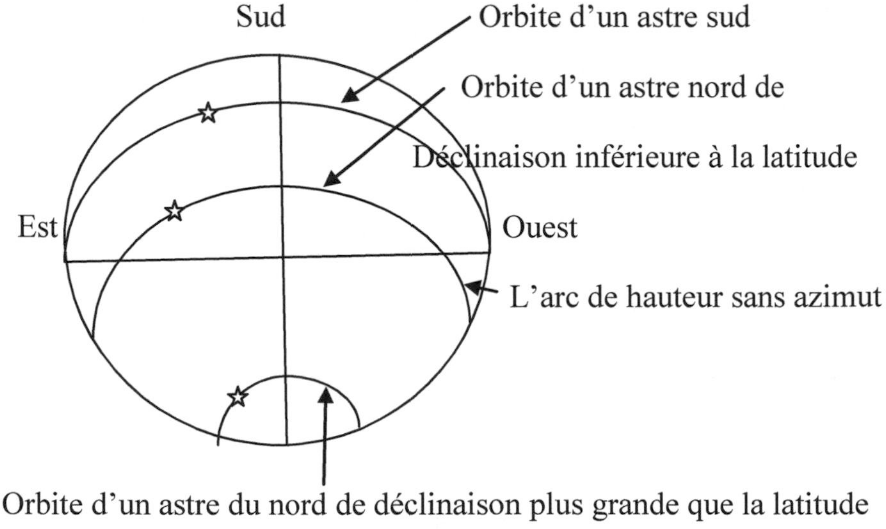

La proportion de son sinus (de la hauteur sans azimut) au sinus du degré est comme la proportion du sinus de la déclinaison totale (de l'écliptique) au sinus de la latitude.

Si tu multiplies le sinus de la déclinaison totale par le sinus du degré, et tu divises le résultat par le sinus de la latitude tu trouves le sinus de la hauteur dont l'azimut est nul. Si tu veux, tu peux poser le fil sur la latitude et le *mūrī* sur le sinus de la déclinaison totale puis déplacer le fil sur le degré, alors le *mūrī* indique le sinus de la hauteur dont l'azimut est nul, et Dieu nous donne réussite.

Explication :

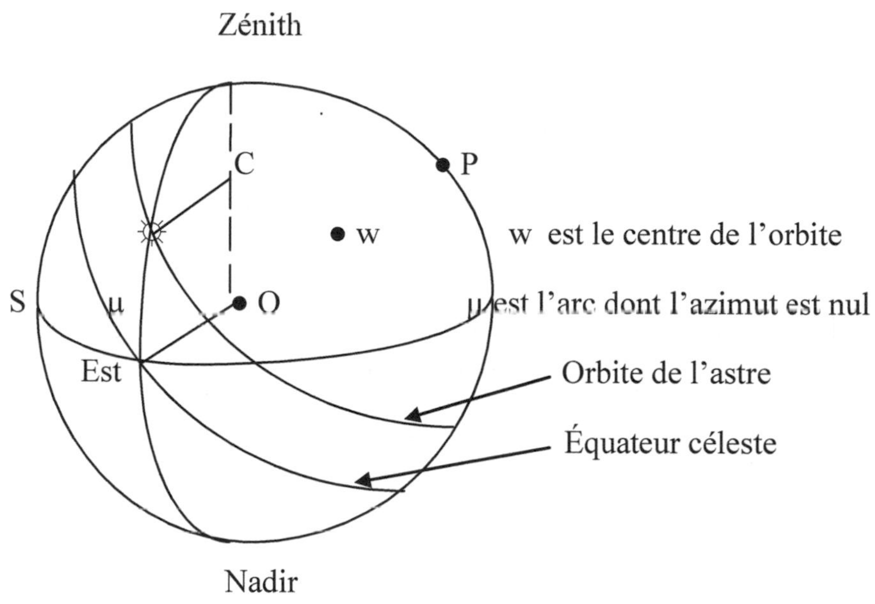

Par projection orthogonale sur le cercle de l'horizon, on obtient le schéma donné par l'auteur. Par projection orthogonale sur le cercle céleste (méridien astronomique), on obtient :

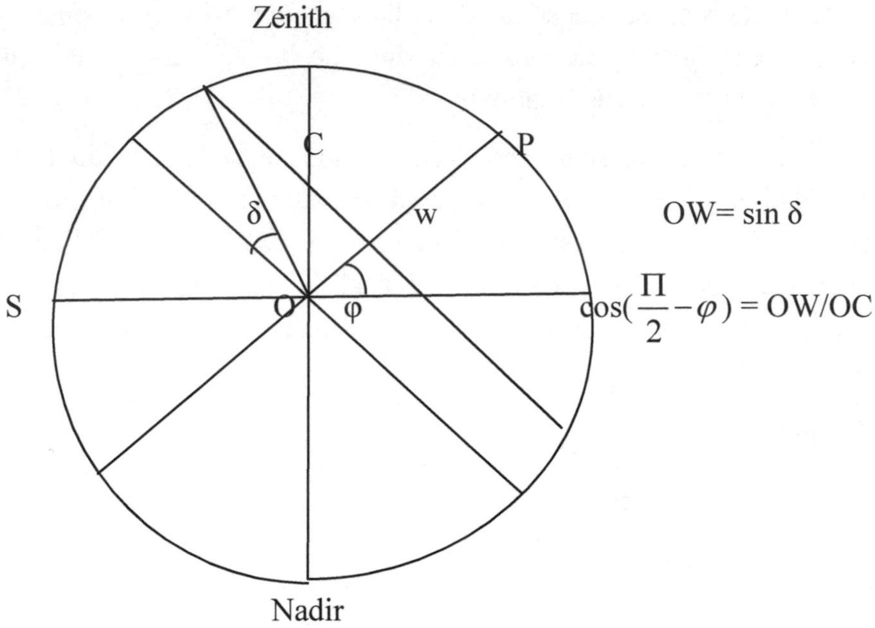

On a sin μ = OC = sin δ/sinφ = sin $δ_e$.sin λ /sinφ (voir chapitre 4).

D'où : | sin $δ_e$/sinφ = sin μ/sin λ |

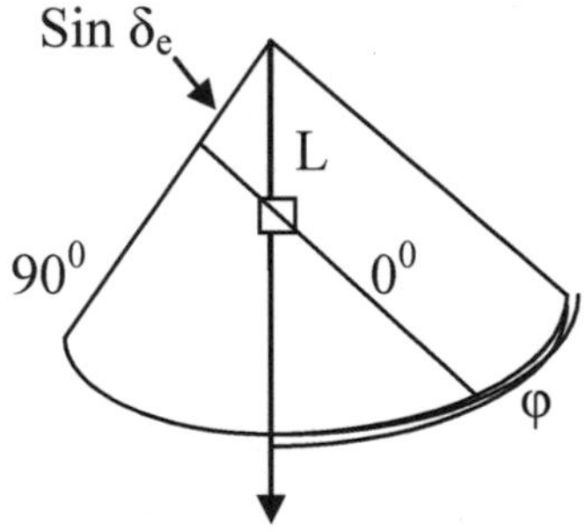

POSITION 1

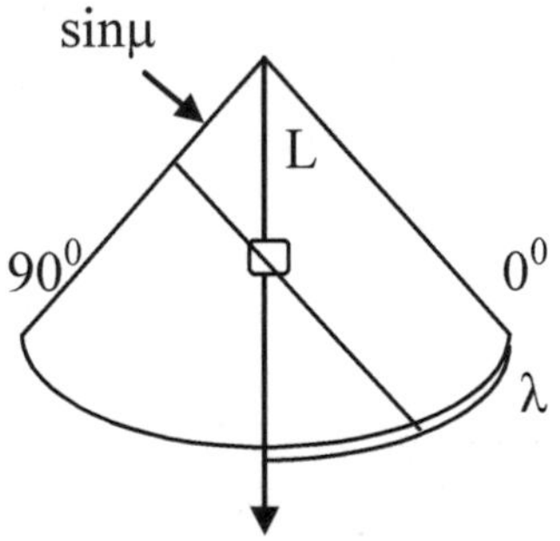

POSITION 2

Chapitre 14. Déterminer l'azimut à partir de la hauteur

L'azimut est arc du cercle de l'horizon compris entre les intersections des deux cercles, celui de l'équateur céleste et celui de la hauteur, avec le cercle de l'horizon ; comme ce schéma l'indique.

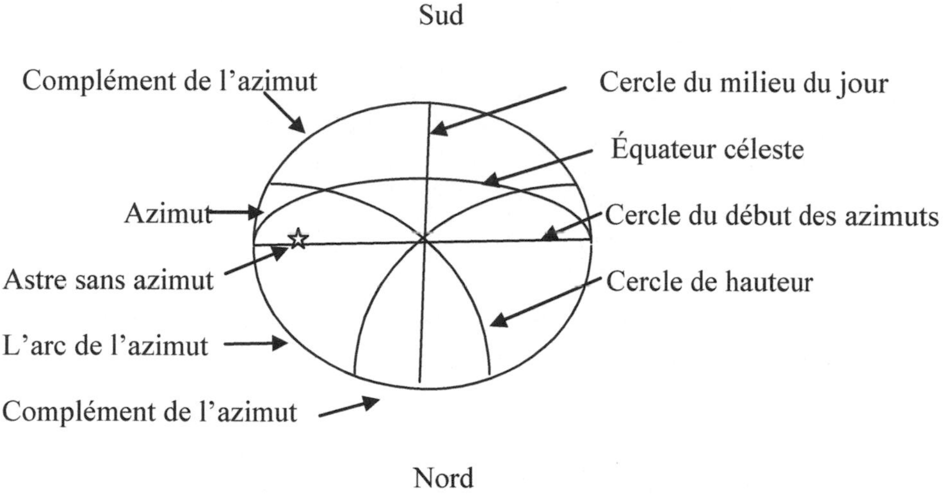

Pour trouver l'azimut tu poses le fil sur le complément de la latitude et fixes le *mūrī* dans la position qui indique la valeur de la différence entre le sinus de la « *ghāya* » (hauteur de la culmination) et le sinus de la hauteur, puis déplaces le fil sur la latitude et descends du *mūrī* au sinus total, tu ajoutes ce que tu trouve comme parties au cosinus de la « *ghāya* » si celle-ci était du nord, je veux dire du côté du nord. Tu prends la différence entre elles si la « *ghāya* » était du sud. Ce que tu trouves dans les deux cas est la correction de l'azimut.

Puis pose le fil sur le sinus total et fixes le *mūrī* sur le cosinus de la hauteur, puis déplaces le fil jusqu'à ce que le *mūrī* tombe sur le sinus *mabsūt* qui indique la correction de l'azimut, alors le fil délimitera l'arc de l'azimut. Son côté et le côté de la latitude si l'astre est du nord et la hauteur est inferieur à la hauteur qui est sans azimut, sinon il sera du côté contraire à la latitude. Il est de l'Est si l'astre est de l'Est, il est de l'Ouest si l'astre est de l'Ouest, et Dieu sait tout.

Explication :

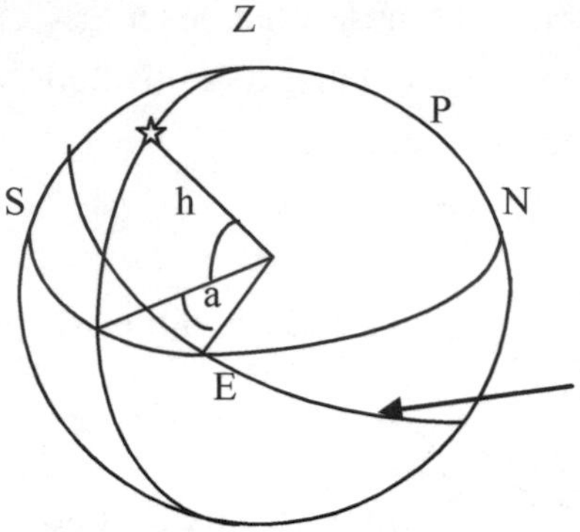

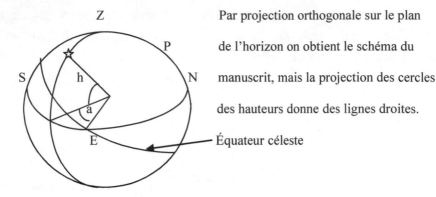

Par projection orthogonale sur le plan de l'horizon on obtient le schéma du manuscrit, mais la projection des cercles des hauteurs donne des lignes droites.

Soit a l'arc de l'azimut, h est l'arc de hauteur, c est la hauteur de culmination de l'astre, et φ la latitude du lieu.

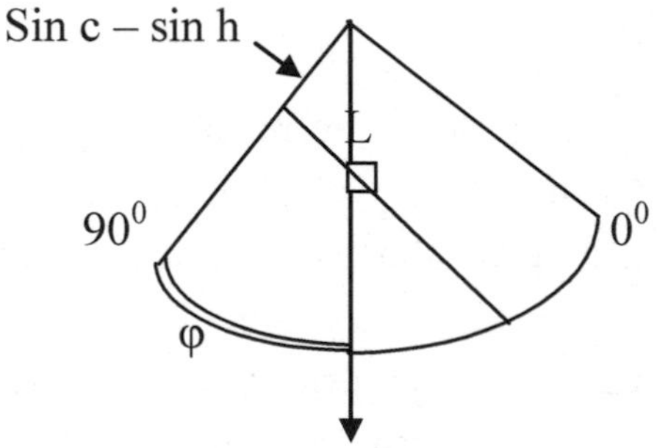

POSITION 1

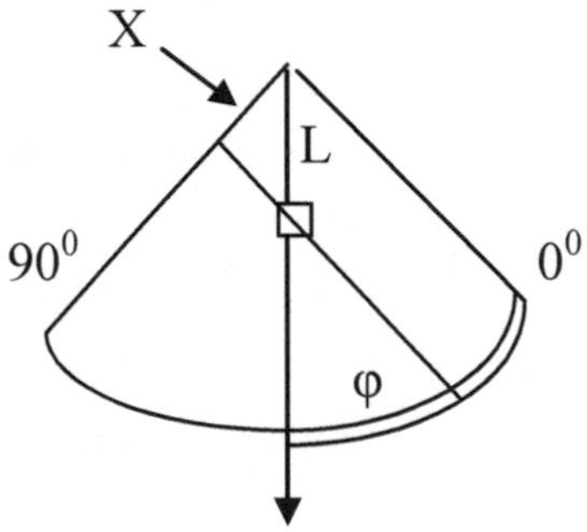

POSITION 2

$$(\sin c - \sin h)/\sin\left(\frac{\Pi}{2} - \varphi\right) = L = X/\sin\varphi$$

$$X = (\sin c - \sin h).\text{tg}\,\varphi$$

Soit Δa la correction de l'azimut, alors :

$\Delta a = X + \cos c$, si c est entre Z et P (pôle nord céleste)

$\Delta a = X - \cos c$, si c est entre Z et S (sud)

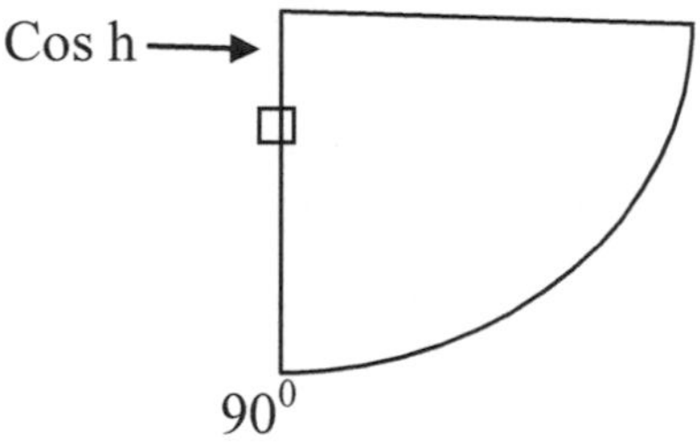

POSITION 3

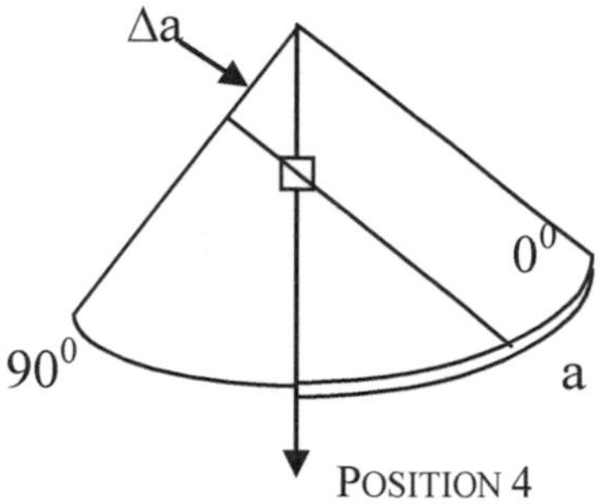

POSITION 4

On obtient ainsi :

$$\sin a = \Delta a / \cos h = \begin{cases} [tg\varphi(\sin c - \sin h) + \cos c] / \cos h, & si\ c\ est\ entre\ \ Z\ et\ P \\ [tg\varphi(\sin c - \sin h) - \cos c] / \cos h, & si\ c\ est\ entre\ \ S\ et\ Z \end{cases}$$

Preuve :

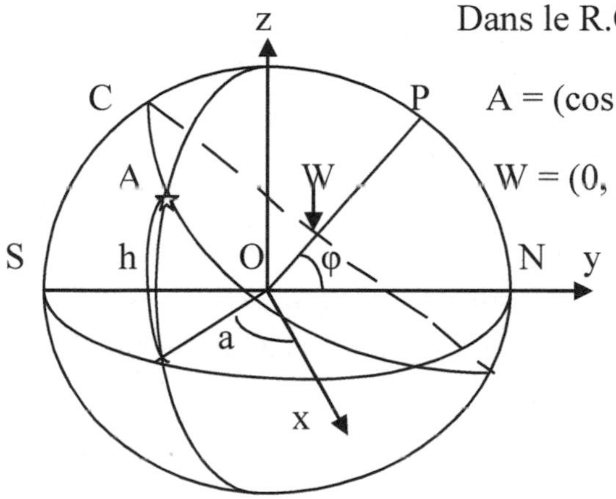

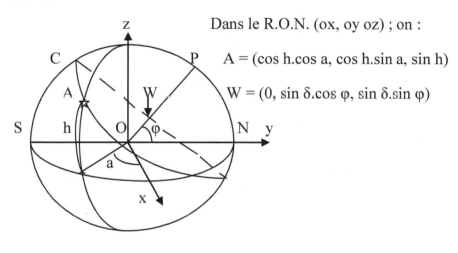

Dans le R.O.N. (ox, oy oz) ; on :

A = (cos h.cos a, cos h.sin a, sin h)

W = (0, sin δ.cos φ, sin δ.sin φ)

$$\overrightarrow{WA} = \begin{cases} \cos h.\cos a \\ \cos h.\sin a - \sin\delta.\cos\varphi \\ \sin h - \sin\delta.\sin\varphi \end{cases} \quad \text{et}$$

$$\left\|\overrightarrow{WA}\right\|^2 = \left\|\overrightarrow{WC}\right\|^2 = \cos^2\delta$$

$$\left\|\overrightarrow{WA}\right\|^2 = \cos^2 h.\cos^2 a + \cos^2 h.\sin^2 a$$
$$+\sin^2 \delta.\cos^2 \varphi - 2\cos h.\sin a.\sin \delta.\cos \varphi$$
$$+\sin^2 h + \sin^2 \delta.\sin^2 \varphi - 2.\sin h.\sin \delta.\sin \varphi = \cos^2 \delta$$

D'où: $1+\sin^2\delta - 2\sin\delta.(\cos h.\sin a.\cos\varphi + \sin h.\sin\varphi) = c\ os^2\delta$

$$2\sin\delta.[\sin\delta-(\cos h.\sin a.\cos\varphi+\sin h.\sin\varphi)] = 0$$

$$\text{Sin}\delta = \cos h.\sin a.\cos\varphi+\sin h.\sin\varphi$$

1) Dans le cas où C est compris entre S et Z, on a : $\delta = c+\varphi - \pi/2$. On obtient alors :

$$\sin\delta = -\cos(c+\varphi)=-\cos c.\cos\varphi+\sin c.\sin\varphi$$
$$= \cos h.\sin a.\cos\varphi+\sin h.\sin\varphi$$
$$\cos h.\sin a.\cos\varphi = - \cos c.\cos\varphi +\sin\varphi.(\sin c - \sin h)$$

$$\boxed{\sin a = [-\cos c+\text{tg}\ \varphi.(\sin c - \sin h)]/\cos h}$$

2) Dans le cas où C est compris entre Z et P, on a : $\delta = \pi/2 - (c-\varphi)$. On obtient alors :

$$\sin\delta = -\cos(c-\varphi) = \cos c.\cos\varphi+\sin c.\sin\varphi$$
$$= \cos h.\sin a.\cos\varphi+\sin h.\sin\varphi$$
$$\cos h.\sin a.\cos\varphi = \cos c.\cos\varphi +\sin\varphi.(\sin c - \sin h)$$

$$\boxed{\sin a = [\cos c+\text{tg}\ \varphi.(\sin c - \sin h)]/\cos h}$$

Chapitre 15. L'azimut de la Qibla (la direction de la Mecque)

L'azimut de la Qibla est un arc du cercle de l'horizon compris entre l'équateur céleste (دائرة معدل النهار) et le cercle passant par les pôles des deux horizons, je veux dire, ceux de la Mecque et de la ville pour laquelle se fait l'opération. La distance entre les deux villes est un arc du cercle passant par les pôles des deux horizons, situé entre les zéniths des deux villes.

La longitude de la ville est arc de l'équateur céleste situé entre le cercle du milieu du jour (méridien astronomique du lieu) de la ville et le cercle du milieu du jour du dernier point de l'ouest. La différence entre les deux longitudes est un arc de l'équateur céleste compris entre les cercles du milieu du jour des deux villes, comme le montre le dessin suivant :

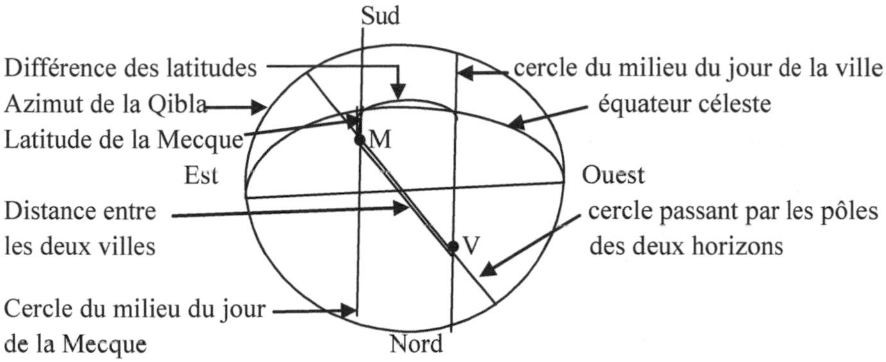

Cercle de l'horizon de la ville

Pour trouver l'azimut de la Qibla, tu considères la latitude de la Mecque comme une déclinaison du côté nord, et tu détermines la distance du diamètre et l'*asle* (absolu). Puis poses le fil sur le sinus total et le *mūrī* sur l'*asle*. Tu considères la différence entre les deux longitudes comme un angle horaire, et tu poses le fil sur une quantité qui lui est égale à partir de l'extrémité de l'arc, alors le *mūrī* indiquera un sinus, tu lui ajoutes la distance du diamètre, aussi tu obtiens le sinus de la hauteur de l'azimut de la Qibla. Tu en déduis l'azimut de cette hauteur qui est l'azimut de la Qibla. Si tu veux, tu peux poser le fil sur le complément de la hauteur et le *mūrī* sur le sinus de la différence des deux longitudes, puis déplaces le fil sur le complément de la latitude de la Mecque alors le *mūrī* indiquera le cosinus de l'azimut. Si le *mūrī* indique plus de soixante alors tu le retranches de cent vingt et il te reste le cosinus de l'azimut, puis tu descends par une ligne *mankūs* sur l'arc de hauteur. Tu trouves l'azimut. De la même manière tu peux connaître l'azimut des autres villes. Tu considères la latitude de la ville comme déclinaison du côté nord et tu détermines l'*asle* et la distance du diamètre et tu considères la différence entre les deux longitudes comme un angle horaire, tu détermines la hauteur comme précédemment, puis tu en déduis son azimut par l'une des deux méthodes et ça sera l'azimut de la ville demandée. En ce qui concerne la direction, la ville qui a la plus grande longitude est le l'Est et celle qui a la plus grande latitude est du nord, ainsi tu sais dans quel quart se trouve la ville demandée. Pour trouver la distance entre les deux villes, tu cherches la hauteur de leurs azimuts. Le complément de cette hauteur est la distance (zénithale), tu la multiplies par cinquante six et deux tiers tu auras la distance en milles entre les deux villes, et Dieu sait tout.

Explication :

Soit φ_M la latitude de la Mecque, on la considère comme une déclinaison du côté nord. Soit φ_V la latitude de la ville.

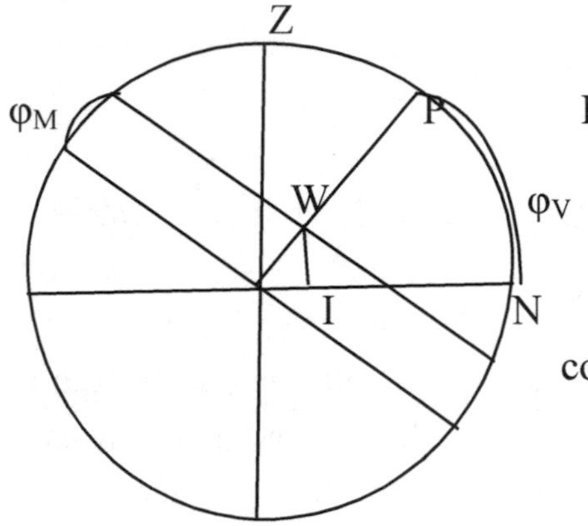

La distance du diamètre :

$WI = \sin\varphi_M.\sin\varphi_V$

L'*asle* absolu = $\cos\varphi_M.\cos\varphi_V$

H:= / Long V – Long M/, on le considère comme un angle horaire

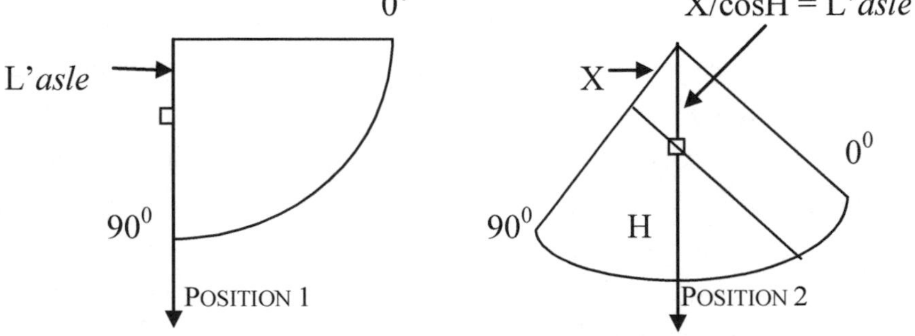

On prend $X + WI = \cos H.\cos \varphi_M.\cos \varphi_V + \sin \varphi_M.\sin \varphi_V = \sin h$, où h est la hauteur de l'azimut. On en déduit l'azimut a comme dans le chapitre 14.

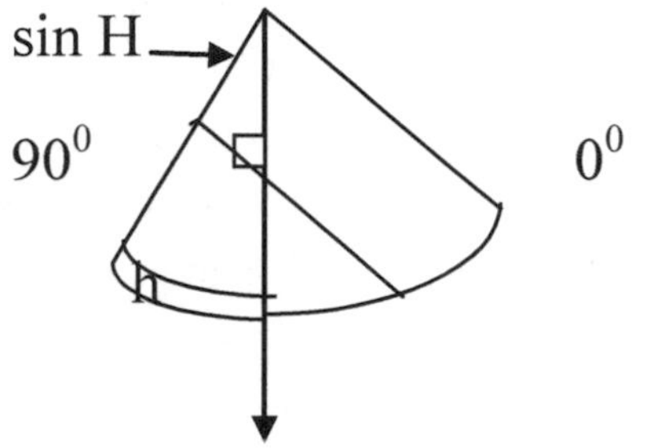

Position 3

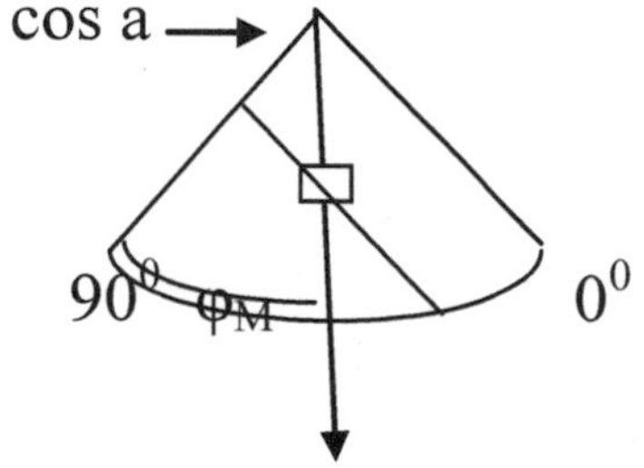

Position 4

D'où: $\boxed{\sin H/\cos h = \cos a/\cos \varphi_M}$

•La distance zénithale entre la ville et la Mecque est égale au complément de la hauteur de Z_M (zénith de la Mecque).

Soit Z_V le zénith de la ville et $z = Z_VZ_M$, alors la distance entre les deux villes est $d = z.(66+2/3)$ milles.

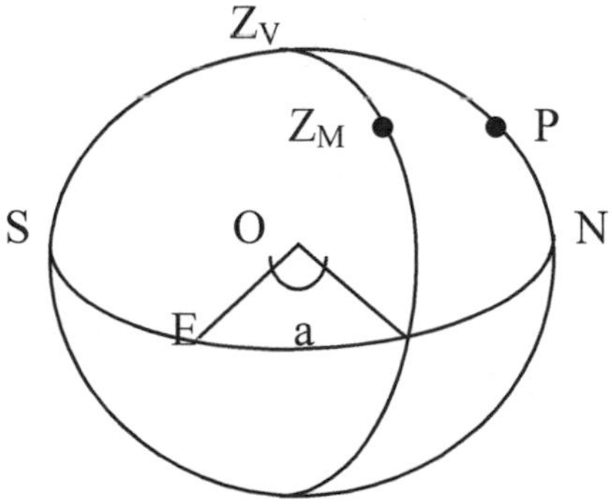

Chapitre 16. Déterminer les quatre points cardinaux et la Qibla

Tu prends la hauteur du soleil et tu détermines son azimut, s'il est du nord-ouest ou du sud-est, tu poses le fil sur une quantité égale à l'azimut trouvé à partir du début de l'arc. Dans le cas du nord-est ou sud-ouest, tu poses le fil sur une quantité égale à l'azimut trouvé à partir de l'extrémité de l'arc. Fixe le fil avec de la cire ou autre et dépose le quadrant par terre horizontalement et son centre du côté du soleil. Prends un fil à plomb et tiens-le verticalement de telle sorte à ce que son ombre tombe sur le fil du quadrant. Fais bouger le quadrant jusqu'à ce que l'ombre du fil coïncide avec le fil du quadrant, à ce moment-là le quadrant se trouve posé sur les quatre points cardinaux. Trace une ligne droite sur le côté à partir duquel tu as pris l'azimut, c'est la ligne de l'Est et l'Ouest. Une droite qui lui est perpendiculaire indique le Sud et le Nord. Les deux droites déterminent les quatre quarts : Nord-est, Nord-Ouest, Sud-est et Sud-ouest. Pose le quadrant à sinus dans le quart où se trouve la Mecque et en s'écartant de la ligne de l'Est et de l'Ouest d'un angle égal à l'azimut de la Mecque. Tu poses le fil sur l'extrémité de l'arc de l'azimut alors le fil indiquera la Qibla.

Explication:

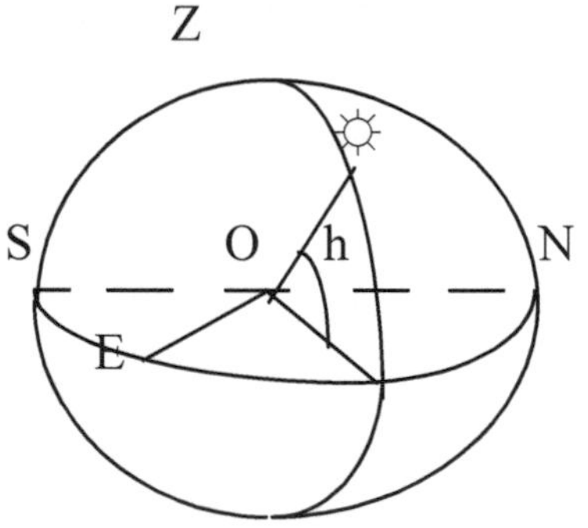

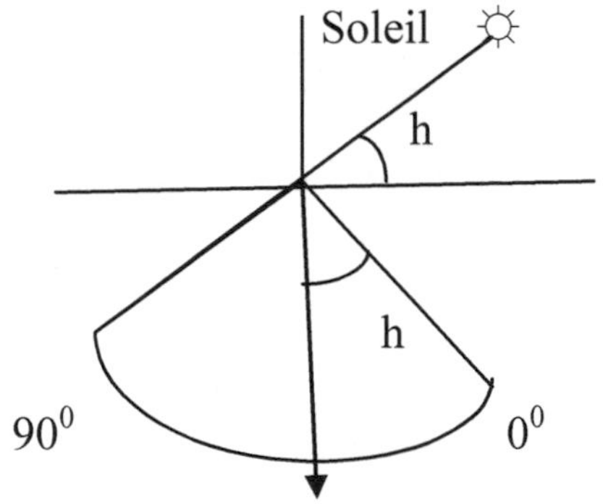

Par le chapitre 14 on détermine l'azimut a du soleil à partir de sa hauteur h.

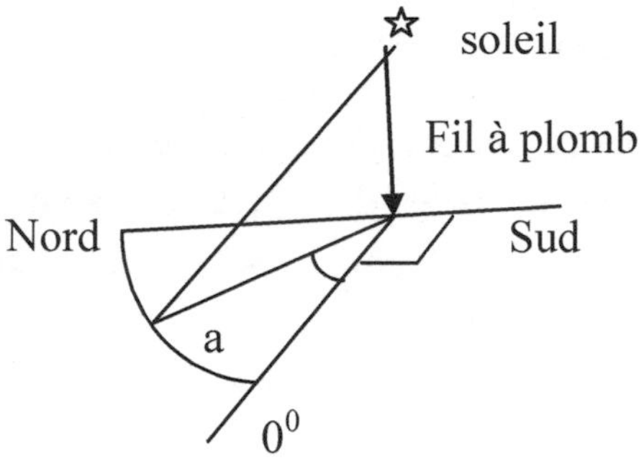

Position 1: cas où le soleil est sud-est ou nord-ouest

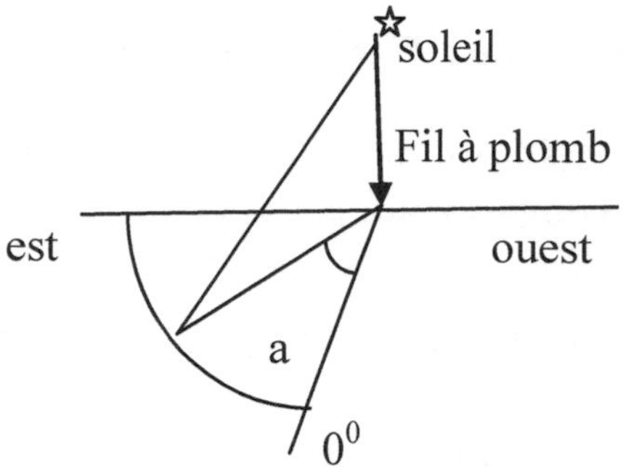

Position 2: cas où le soleil est sud-ouest ou nord-est

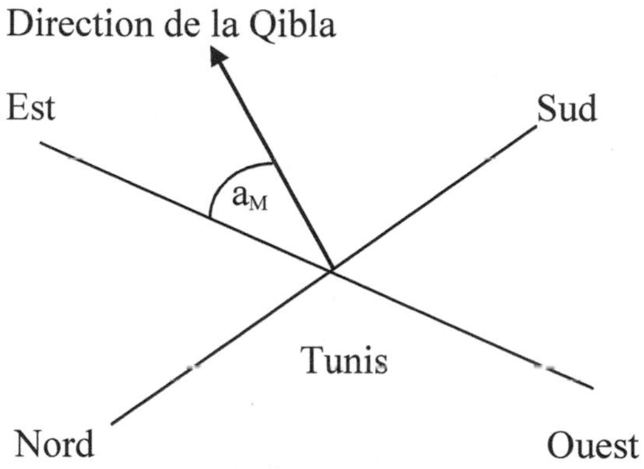

a_M azimut de la Mecque

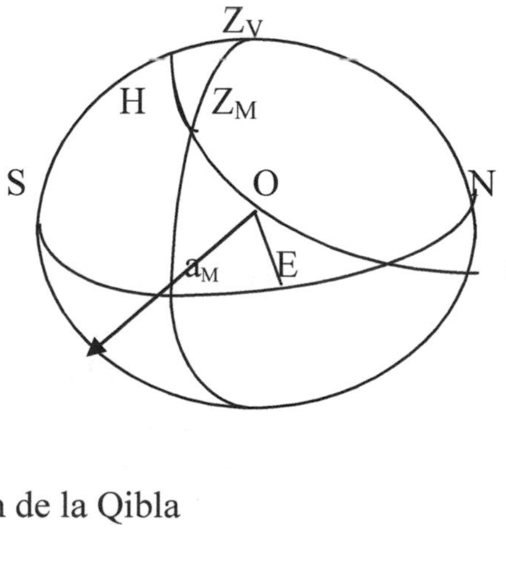

Z_V zénith de la ville

Z_M zénith de la Mecque

H = /LongV-LongM/

a_M azimuth de la Mecque

Direction de la Qibla

Chapitre17. Ascensions droites des planètes

L'ascension droite d'une planète est un arc de l'équateur céleste compris entre deux cercles passant par les pôles de l'équateur céleste, l'un passant par la planète et l'autre passant par le point début du capricorne, comme l'indique le schéma suivant :

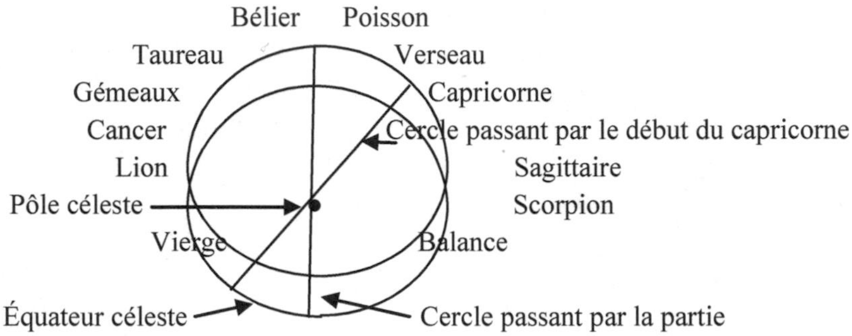

L'ascension droite de trois maisons dont le début est un équinoxe ou solstice est égal à quatre-vingt-dix degrés.

Pour connaître l'ascension droite, tu poses le fil sur le complément de la déclinaison (partielle) et le *mūrī* sur le cosinus de la déclinaison totale (de l'écliptique) et descends du *mūrī* à l'arc de hauteur, à ce que tu trouves comme nombre *mabsūt* pour trois maisons à partir du bélier ou de la balance, ou comme nombre *mankūs* dans trois maisons à partir du capricorne ou du cancer, tu ajoutes à chaque trois maisons passées à partir du début du capricorne quatre-vingt-dix degrés. Ce que tu trouves est l'ascension droite du degré demandé et c'est la durée qui sépare le milieu du capricorne et le milieu du degré demandé et c'est l'ascension du *zaouel*. Pour déterminer l'ascension droite d'une maison quelconque, détermines l'ascension droite de son début et retranche la de l'ascension droite de la maison suivante. Pour obtenir l'ascension droite d'un degré quelconque détermine l'ascension droite de sa maison et convertis-le en minutes et double-le en ce qui concerne ce degré, et Dieu sait tout.

Explication :

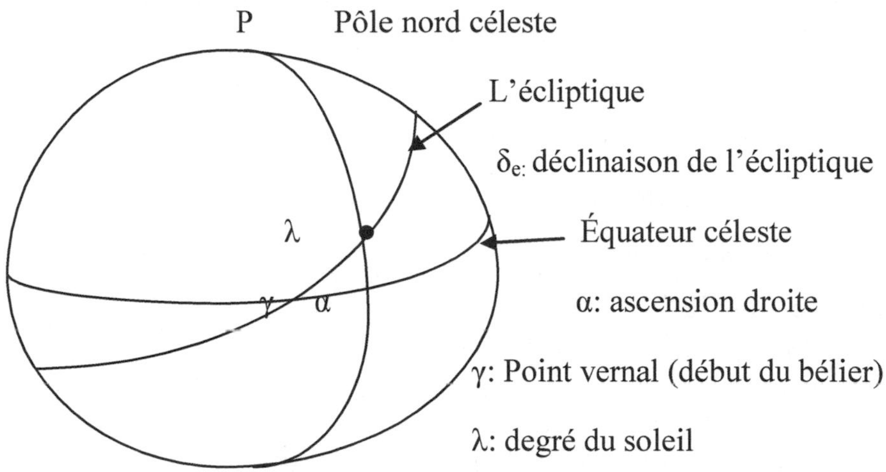

D'après le texte l'ascension droite est comptée à partir du capricorne mais dans la littérature l'ascension est comptée à partir du point vernal.

Manipulations du quadrant-sinus pour trouver α

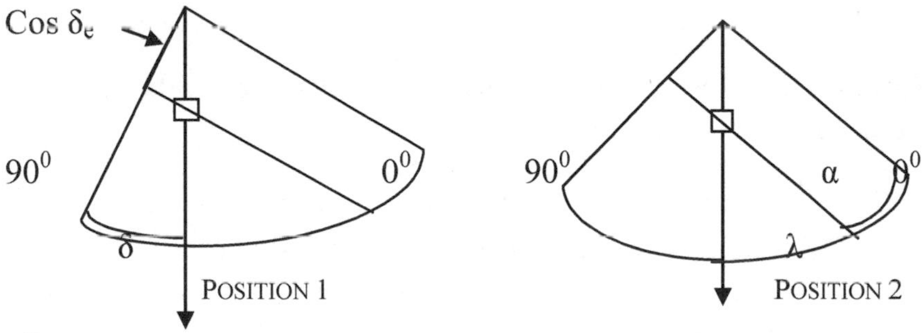

On aura :

$\cos \delta_e / \cos \delta = \sin \alpha / \sin \lambda$. D'où $\sin \alpha = \sin \lambda . \cos \delta_e / \cos \delta$.

Preuve : Dans le triangle sphérique $PS\gamma$,

Le théorème des sinus donne :

$\sin \alpha / \sin \lambda = \sin (\pi/2 - \delta_e)/ \sin (\pi/2 - \delta)$

D'où $\sin \alpha = \sin \lambda . \cos \delta_e / \cos \delta$.

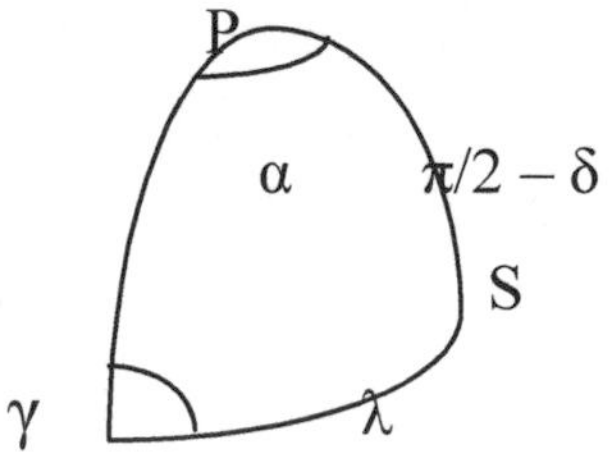

Remarque 1 : l'ascension droite du soleil augmente environ de 1 degré par jour. La déclinaison du soleil est nulle aux environs du 21 Mars, croit jusqu'à atteindre 23°.27' vers le 21 Juin ; elle décroit alors, jusqu'à -23°.27' vers le 22 décembre et croit pour redevenir nulle au 21 Mars de l'année suivante.

Remarque 2 **:** On peut calculer α en fonction de δ et δ_e seulement.

Dans le triangle $\gamma SS'$, on a :

$\sin \delta_e / \sin \delta = \sin \beta / \sin \alpha$

dans le triangle $PS\gamma$, on a :

$\sin (\pi/2 - \delta_e) / \sin (\pi/2 - \delta) =$

$\sin (\pi - \beta) / \sin \pi/2$

Soit encore $\cos \delta_e / \cos \delta = \sin \beta$

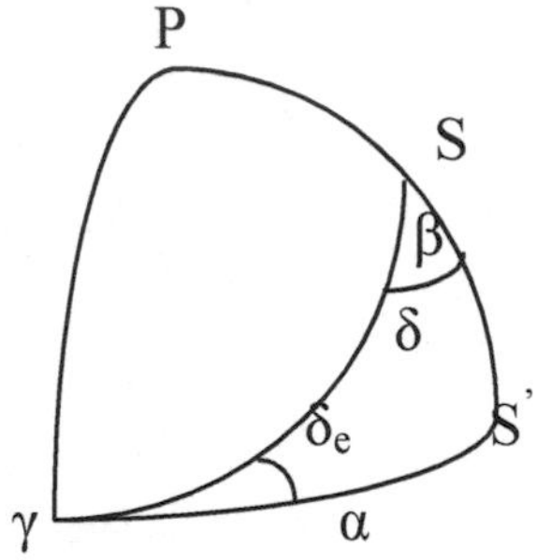

D'où $\sin \delta_e / \sin\delta = \cos \delta_e / \cos \delta.\sin \alpha$. On aura alors :

$\text{Sin } \alpha = \sin \delta.\cos \delta_e / \sin \delta_e.\cos \delta = \text{tg } \delta.\text{cotg } \delta_e$

$$\boxed{\sin \alpha = \text{tg } \delta.\text{cotg } \delta_e}$$

Chapitre 18. Déterminer l'ascension d'un lieu, l'ascendant, le descendant et le médian

L'ascension d'un lieu ou l'ascension du lever d'un « degré » est un arc de l'équateur céleste commençant du début du bélier (point vernal). Par convention c'est la durée entre le point vernal et le lever de ce « degré ». Pour le trouver, tu retranches la moitié de l'arc de ce « degré » (H) de son ascension droite α ce que tu trouves c'est l'ascension droite du lieu. Si on ne peut pas retrancher H de α, il faut ajouter un tour (24^h) à α et retrancher H de $\alpha + 24$. Ce qui reste c'est l'ascension du lieu (Temps sidéral). Si tu ajoutes la moitié de l'arc à l'ascension droite du « degré » tu trouves l'ascension du coucher et si la somme dépasse un tour (24^h) alors l'augment est l'ascension du coucher.

Pour connaître l'ascendant, le descendant et le médian il faut connaître les ascensions du temps. En ajoutant ce qui est passé du jour à l'ascension du lever et en ajoutant ce qui est passé du jour à l'ascension du coucher on obtient deux sommes qui sont les ascensions du temps, c'est-à-dire les ascensions du « degré » médian à cet instant.

Donne à chaque maison son ascension droite en commençant par le signe du capricorne ce que tu trouves est le médian et c'est le dixième, et son symétrique est le quatrième qui est l'axe de la terre. Puis considères ces ascensions comme des ascensions du lieu en commençant par le Bélier ce que tu trouves est l'ascendant, et son symétrique le septième est le descendant, et Dieu sait tout.

Explication :

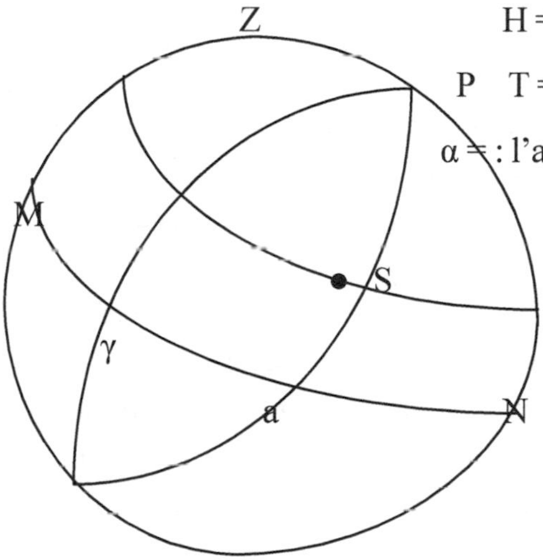

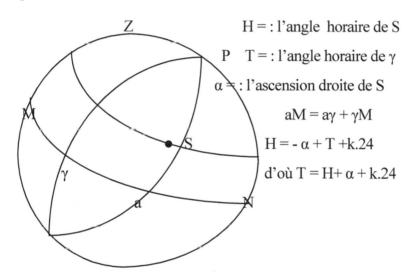

$H =:$ l'angle horaire de S

$T =:$ l'angle horaire de γ

$\alpha =:$ l'ascension droite de S

$$aM = a\gamma + \gamma M$$

$$H = -\alpha + T + k.24$$

d'où $T = H + \alpha + k.24$

Si $H + \alpha \leq 24$, on prend $k = 0$ et $T = H + \alpha$.

Si $H + \alpha > 24$, on prend $T = H + \alpha - 24$

Remarque : Si on connait les coordonnées équatoriales α et δ d'une étoile sur la sphère céleste, on en déduit ses coordonnées horaires H et δ, et par la suite sa position à l'instant donné T sur la sphère locale.

Chapitre 19. Déterminer le temps passé et celui qui reste à écouler de la nuit ou du jour d'après le point médian d'une étoile ou d'après son point d'ascension ou de descension ou d'après sa hauteur

Si l'ascension droite d'une planète dépasse l'ascension du lever d'une quantité plus grande que l'arc du jour, où il lui est inférieure d'une quantité plus petite que l'arc de nuit alors la planète est médiane de nuit ou de jour. Si la planète est médiane de la nuit alors retranches le descendant de son ascension (droite), ce qui reste est la quantité passée de la nuit ; et si tu retranches son ascension (droite) de l'ascension de lever alors tu trouves ce qui reste de la nuit quand il est médian. Pour connaître ceci à partir de son ascension ou de son descension, considère « sa distance » à la place de la déclinaison du soleil et déduis tous ses résultats comme dans le cas du soleil. Si tu trouves la moitié de son arc tu l'ajoutes à son ascension tu trouves l'ascension de son coucher, et si tu le retranches de son ascension tu trouves l'ascension de son lever, et fais avec elles comme ce que tu as fais de l'ascension de son médian tu auras ce que tu cherches. Mais pour connaître ceci à partir de sa hauteur, il faut déterminer son angle horaire correspondant à sa hauteur. Tu ajoutes cet angle à son ascension s'il était couchant et tu le retranches de son ascension s'il était levant, le résultat obtenu est l'ascension du temps, c'est à dire l'ascension du médian à cet instant, tu en retranches l'ascension du coucher du soleil alors ce qui reste est la quantité passée de la nuit à cet instant. Si tu retranches l'ascension du temps de l'ascension du lever tu trouves la quantité qui reste de la nuit à cet instant, et Dieu sait tout.

Chapitre 20. Connaître la position d'une étoile pour un temps donné

Trouve l'ascension du temps comme précédemment puis la comparer à l'ascension d'une étoile, si elles sont égales alors l'étoile est médiane, et si l'ascension du temps diffère de l'ascension de l'étoile d'une quantité supérieure à la moitié de son arc alors l'étoile est au-dessous de l'horizon. Si elle est plus petite que l'ascension de l'étoile d'une quantité égale à la moitié de son arc alors elle est à l'horizon oriental et si elle dépasse l'ascension de l'étoile d'une quantité égale à la moitié de son arc alors elle est à l'horizon du côté de l'occident. Si elle diffère de l'ascension de l'étoile d'une quantité inférieure à la moitié de son arc, alors considère la différence comme un angle horaire et détermines la hauteur correspondante. Celle-ci est la hauteur de l'étoile à l'instant donné, à l'Est si elle est moindre, à l'Ouest si elle surpasse, et Dieu sait tout.

Chapitre 21. Déterminer l'arc de révolution et l'angle horaire dans un lieu donné en connaissant l'heure de notre pays.

Saches que si l'étoile est médiane dans ton pays alors elle est couchante dans un pays dont la longitude est plus grande que celle de ton pays, elle est levant dans un pays dont la longitude est plus petite que celle de ton pays. La différence entre les deux longitudes est un angle horaire à cet instant pour les deux pays. Si l'étoile possède un angle horaire par rapport à ta position et si elle est levant et la longitude du pays demandé est plus petite que celle de ton pays, ou bien si elle est couchante et la longitude du pays est plus grande que celle de ton pays alors tu ajoutes la différence des deux longitudes à l'angle horaire par rapport à ta position et tu trouves l'angle horaire dans le pays demandé, il est du même côté que celui où elle se trouve à ton endroit, soit à l'Est soit à l'Ouest. Dans le cas contraire si l'étoile est levant et le pays demandé a une longitude plus grande, ou si elle est couchante et la longitude du pays est plus petite alors prends la différence entre l'angle horaire et la différence entre les deux longitudes, le résultat est l'angle horaire dans le pays demandé. Elle est du même côte que celui où elle se trouve chez toi à l'Est ou à l'Ouest si l'angle horaire par rapport à ta position est plus grand que la différence des deux longitudes, si non de l'autre côté. Si tu connais l'angle horaire dans le pays demandé, tu le retranches du demi-arc de l'étoile dans ce pays pour trouver la quantité passée depuis son lever si elle est levant, ou la quantité qui reste pour son coucher si elle est couchante et Dieu sait tout.

Explications :

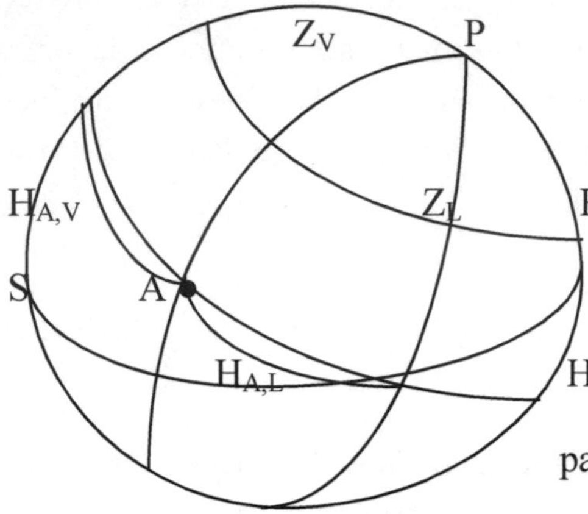

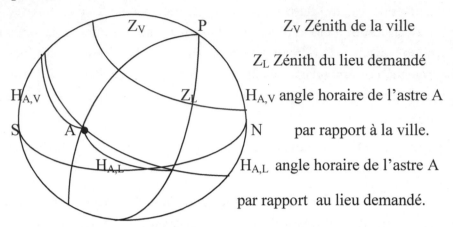

Z_V Zénith de la ville

Z_L Zénith du lieu demandé

$H_{A,V}$ angle horaire de l'astre A par rapport à la ville.

$H_{A,L}$ angle horaire de l'astre A par rapport au lieu demandé.

H = / Long V- Long L / Long V : = Longitude de la ville, Long L : = Longitude du lieu

Cas où Long V $\leq$ Long L, on a $H_{A,L} = - H_{A,V} + H$

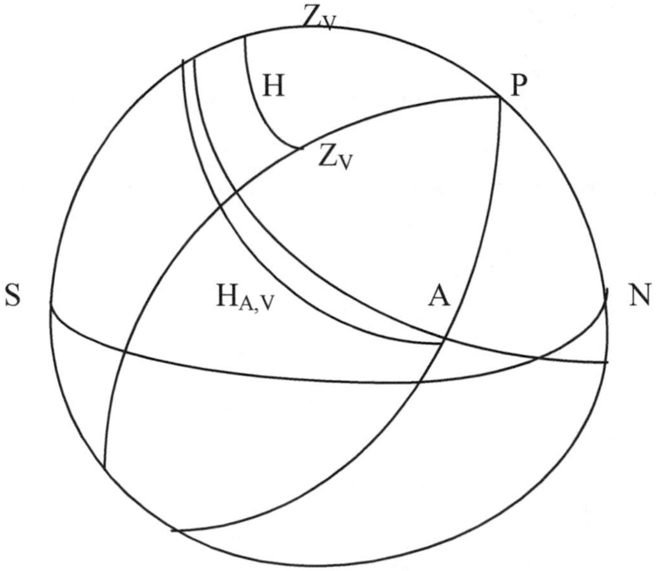

Cas où Long L $\leq$ Long V, on a $H_{A,L} = H_{A,V} + H$

Chapitre 22. Déterminer la hauteur d'un objet vertical dressé sur la terre

Prends la hauteur du point le plus élevé de l'objet. Si elle est égale à quarante cinq (degré), ajoute ce qui est entre toi et son origine à ce qui est entre ton œil et la terre, le résultat est égal à sa longueur en unité avec laquelle tu as mesuré. Si elle est plus petite ou plus grande, pose le fil sur la hauteur et descends du cosinus au fil avec ce qu'il y'a entre toi et son origine et reviens de l'intersection au sexagène, ajoutes à ce que tu trouves comme partie du sexagène ce qui est entre ton œil et la terre, le résultat est la longueur de l'objet. S'il est impossible de déterminer la projection de sa tête (son origine) cherche sa hauteur à partir d'un point donné et détermines son ombre *mabsūt* et marque un signe sur la position de tes pieds et ajoutes ou retranches à cette ombre le quart du *kāma* ou son tiers ou ce que tu veux et détermines la hauteur de l'ombre que tu as trouvée puis avance ou recule sur une terre plate dans la direction de ce signe jusqu'à ce que la hauteur du point le plus élevé de l'objet devient comme la hauteur que tu as déterminée et marque un autre signe, et mesure entre les deux signes, et multiplies le résultat par le dénominateur de la fraction que tu as pris du *kāma*, ce que tu trouves augmenté de ce qui est entre ton œil et la terre donne la longueur cherchée, et Dieu sait tout.

Explication :

1) $h = 45^0$, et on connaît I

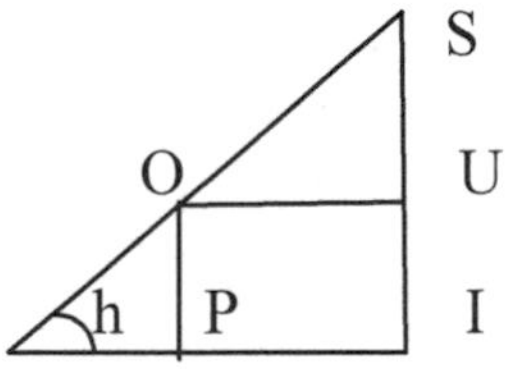

$SI = SU+UI = OU + OP$

$SI = PI + OP$

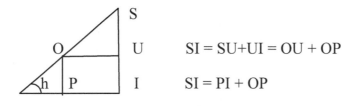

2) $h \neq 45^0$, et on connaît I

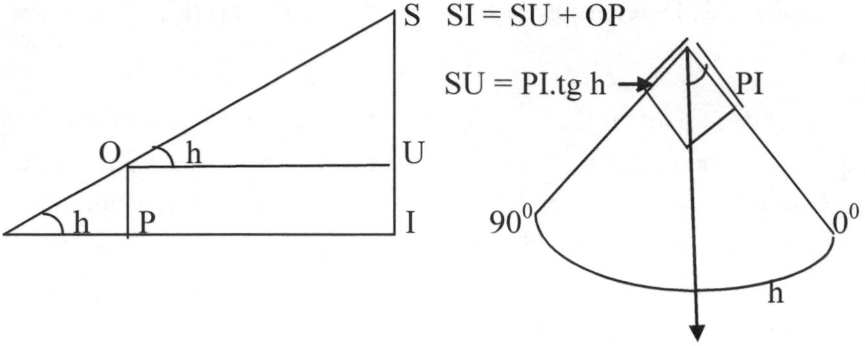

3) $h \neq 45^0$, et on ne connait pas I

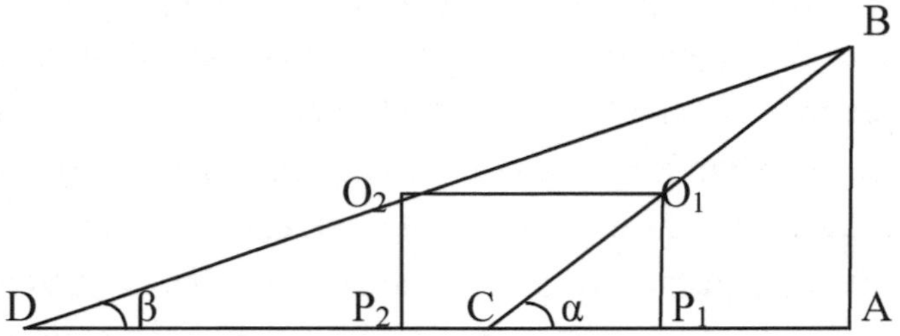

$$AB = AC.\text{tg}\,\alpha = AD.\text{tg}\,\beta = (AC + CD)\,\text{tg}\,\beta$$
$$AC.\,(\text{tg}\,\alpha - \text{tg}\,\beta) = CD.\,\text{tg}\,\beta$$
$$AB = CD.\text{tg}\beta.\,\text{tg}\,\alpha \,/\, (\text{tg}\,\alpha - \text{tg}\,\beta)$$

Supposons que : $\underline{DP_2 = CP_1 + K/n}$, alors $CD = P_1P_2 + K/n$

$$AB = \left[\left(P_1P_2 + \frac{K}{n} \right) \frac{K}{CP_1} . \frac{K}{CP_1 + \frac{K}{n}} \right] / \left[\frac{K}{CP_1} - \frac{K}{CP_1 + \frac{K}{n}} \right]$$

On obtient : $\underline{AB = n.P_1P_2 + K}$

Chapitre 23. Déterminer la largeur d'un fleuve et la profondeur d'un puits

Pour chercher la largeur d'un fleuve, il faut se placer au bord du fleuve à côté de l'eau et prendre la dénivellation de l'autre côté. Pose le fil sur la dénivellation puis descends du sexagène au fil d'une quantité égale à la différence entre ton œil et la terre, puis reviens de l'intersection à la ligne de l'Est et l'Ouest, ce que tu trouves est la largeur de ce fleuve avec la même unité utilisée pour mesurer la distance entre ton œil et la terre. Pour déterminer la profondeur d'un puits il faut se placer au bord de l'orifice et déterminer la dénivellation du côté opposé au niveau de l'eau. Pose le fil sur la dénivellation et descends du cosinus au fil avec une quantité égale au diamètre de l'orifice du puits et reviens de l'intersection au sexagène, retranche de ce que tu trouves ce qui est entre ton œil et la terre. Le reste est égal à la profondeur mesurée par la même unité utilisée en mesurant le diamètre de l'orifice du puits, et Dieu nous guide vers la justesse.

Explication :

Largeur d'un fleuve

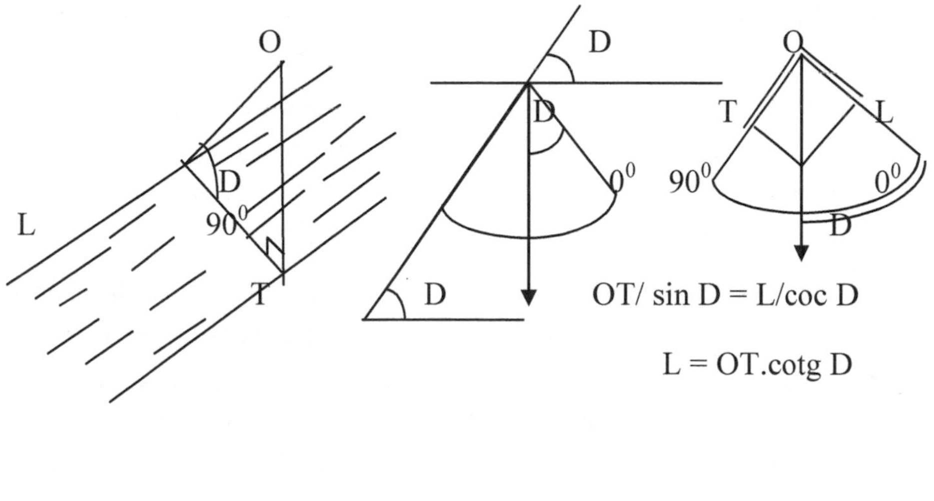

$OT/\sin D = L/\text{coc}\ D$

$L = OT.\text{cotg}\ D$

Profondeur d'un puits

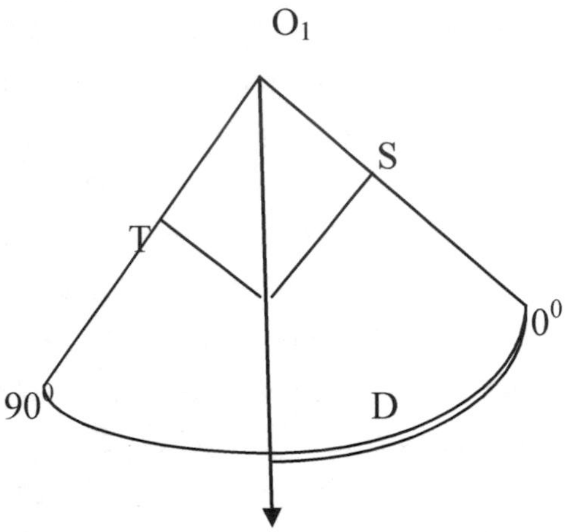

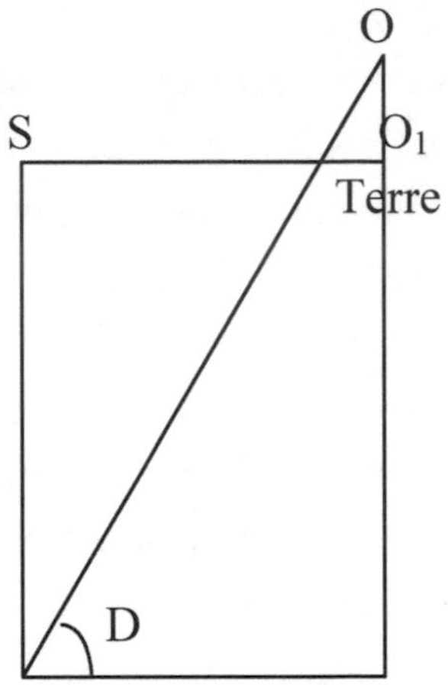

$O_1S/ \cos D = OT/ \sin D$, et $OT = O_1S.\mathrm{tg}\, D$, et $O_1T = OT - OO_1$

Conclusion : Comment tracer les courbes horaires et la courbe de l'^{c}*asr*

Sache que les surfaces sont soient horizontales ou non, les surfaces non horizontales sont soit verticales ou obliques. Pour les surfaces planes horizontales ou verticales, tu traces deux lignes perpendiculaires dont l'une est la ligne de l'Est et l'Ouest et l'autre ligne est parallèle au plan de l'horizon. Pour vérifier l'exactitude du tracé, pose un des côtés du quadrant à sinus sur la ligne de l'Est et l'Ouest, le fil doit tomber sur l'autre ligne, ligne du sud et du nord ou ligne du midi et la ligne qui lui est perpendiculaire est la ligne du milieu du ciel. L'intersection des deux lignes se trouve au centre du quadrant.

Tu traces ensuite un demi-cercle ayant pour diamètre la ligne est-ouest, et situé vers le bas du plan vertical. Tu prolonges si besoin est, le plan horizontal au delà du demi cercle. Place le fil sur le séxagène, le *mūrī* étant sur l'ombre première (l'ombre *mankūs*) de l'ongle horaire. Déplace le fil et pose le sur la latitude de la localité, le *mūrī* se placera sur l'ombre première de l'azimut de l'angle horaire cherché. Donne alors au compas une ouverture égale à celle de l'azimut, place l'une de ses pointes sur la ligne méridienne et sur le périmètre du cercle. Tourne l'autre branche, de droite à gauche, vers le cercle ; marque l'extrémité ; place le bord de la règle sur la marque et le centre ; trace une ligne, sur le périmètre du cercle ou à l'intérieur ou à l'extérieur : c'est la ligne supposée. Tu opères de même avec les différentes parties de l'angle horaire, jusqu'à la fin de l'opération.

Si l'angle horaire est supérieur à 90°, tu le retranches de 180°, tu détermines l'azimut du reste comme précédemment, tu retranches cet azimut de 180°, alors ce qui reste est l'azimut demandé. Tu prends un *kāma* et tu t'éloignes du centre du quadrant sur la ligne du milieu du jour du côté de la latitude d'une quantité égale à l'ombre *mabsūt* de la latitude, dans le cas d'une surface plane horizontale, et d'une quantité égale à l'ombre *mankūs* de la latitude dans le cas d'une surface verticale. Joins le fil à l'extrémité du *kāma* tu obtiens ce qui est demandé. Pour tracer la courbe de l'^{c}*asr*, il faut tracer la ligne de l'Est et l'Ouest passant par le centre 0. Trace un demi cercle de centre 0 du côté de l'Est de diamètre la ligne de *zaouel* (cercle du début des cieux) ce cercle doit être occulte pour l'effacer à la fin du travail. Détermine la hauteur de l'^{c}*asr* du début du cancer puis détermine son azimut. Ouvre le compas d'un angle égal à l'azimut et pose sa pointe sèche sur la ligne de l'Est et l'Ouest et sur le cercle tracé, fais tourner le compas de l'autre côté de l'azimut et marque un point sur son intersection avec le cercle tracé. Pose le bout de la règle sur ce point et le centre, puis marque un point distant du centre d'une distance égale à l'ombre *mabsūt* à l'instant voulu, c'est l'ombre de la tête du *mekyās* à cet instant.

Ainsi, tu fais avec le début du bélier et du début du capricorne, la courbe reliant ces points est la courbe de l'^{c}*asr*. Si la latitude est inférieure à la déclinaison de l'écliptique il faut composer la courbe de quatre points, savoir les trois points des trois maisons citées et les points correspondants au zénith, avec le soutien de Dieu.

L'auteur expose une technique pour tracer la courbe de l'^{c}*asr* sur des plans inclinés. L'écriture du manuscrit a été achevée le dix-neuf Ramadan de l'an mille cent quarante sept de l'Hégire par le nommé Ḥamūda bel Ḥadj Ḥoḥamed surnommé al-Baḥrīnī.

Explication : Comment tracer les lignes horaires.

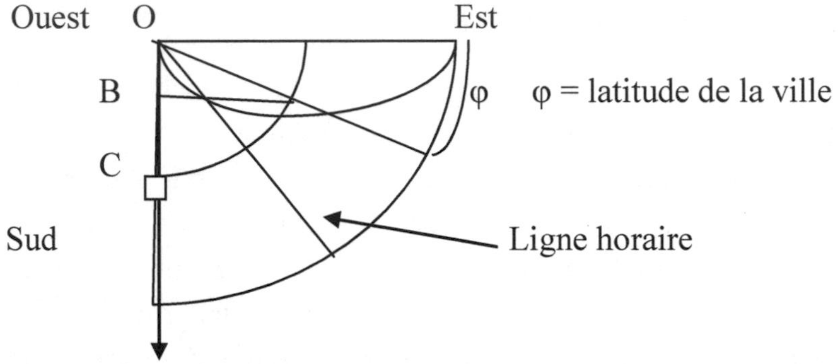

K = le *kāma* (gnomon) = 12 parties et le sexagène contient 60 parties donc K = 1/5 (séxagène).

1) On détermine l'angle horaire H (d'après le chapitre 9).

2) On calcule l'ombre *mankūs* de l'angle horaire H, soit OC = K.tg H.

3) OB = K.tg a, où a est l'azimut ; OB est l'ombre *mankūs* de l'azimut.

4) On prend un compas et on l'écarte d'un angle égal à l'azimut et on pose la pointe sèche en O et on fait tourner l'autre pied jusqu'à l'intersection avec le cercle de diamètre la ligne de l'Est et de l'Ouest.

5) La ligne de l'angle horaire est la droite qui passe par l'origine et le point d'intersection trouvé.

Remarque[1] : considérons un cadran solaire horizontal muni d'un stylet perpendiculaire. Pendant une journée, l'ombre de l'extrémité du

[1] Jan Pieter Hogendijk. « Le traité d'Ibn al-Haytham sur les lignes horaires ». Alger 1994, cahier du séminaire Ibn al-Haytham.

stylet décrit en général une hyperbole (une ligne droite au commencement du printemps ou de l'automne).

La période entre le lever et le coucher du soleil était divisé en douze heures égales, en conséquence, la durée d'une heure dépendait de la saison. Les points qui indiquent le commencement d'une même heure (par exemple la troisième heure du matin) pour des jours différents sont sur une ligne, appelée « ligne horaire », et les artisans ont supposé que les lignes horaires sont des lignes droites.

Thabit ibn Qurra a remarqué que ces lignes ne sont pas exactement droites, mais il ne l'a pas démontré. Ibrāhīm ibn Sinān (Xe s.) a tenté de démontrer que les lignes horaires ne sont pas des droites. Ibn Haytham fut le premier mathématicien à démontrer que les lignes horaires ne sont pas des droites (sauf pour la ligne de midi). Il a montré qu'une ligne horaire est toujours comprise entre deux lignes droites formant un très petit angle. Ce qui permet en pratique de considérer les lignes horaires comme des lignes droites. La démonstration d'Ibn al-Haytham est fondée sur le préliminaire suivant :

$$\text{Si } 0 < p < q < 90^0,\ 0 < x < 1 \text{ on : } \sin qx / \sin q > \sin px / \sin p > x$$

La démonstration d'Ibn al-Haytham est comparable à celle de Cadell (1818) et Davis (1834).

Explication : **Comment** tracer la courbe de l'^{c}*asr*.

1) On cherche l'ombre *mabsūt* de l'^{c}*asr*.

OA l'ombre *mabsūt* de midi

OH L'ombre *mabsūt* de l'^{c}*asr*.

OH = OA+K

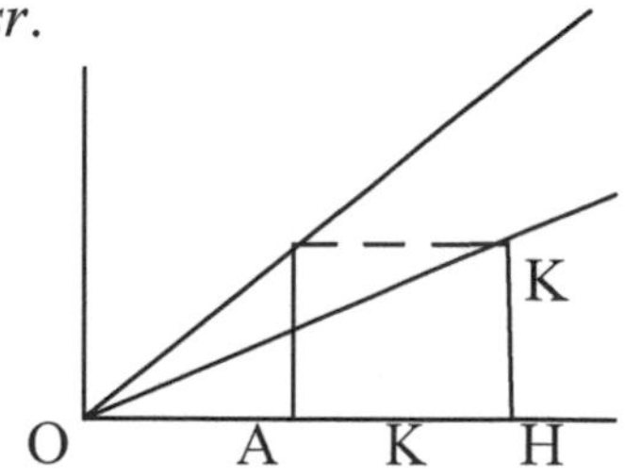

On prend OH sur la ligne de l'Est et l'Ouest et K (longueur du *mekyās*) sur le sexagène (ou une proportion), on pose le fil sur l'intersection on trouve la hauteur de l'^{c}*asr*, noté h.

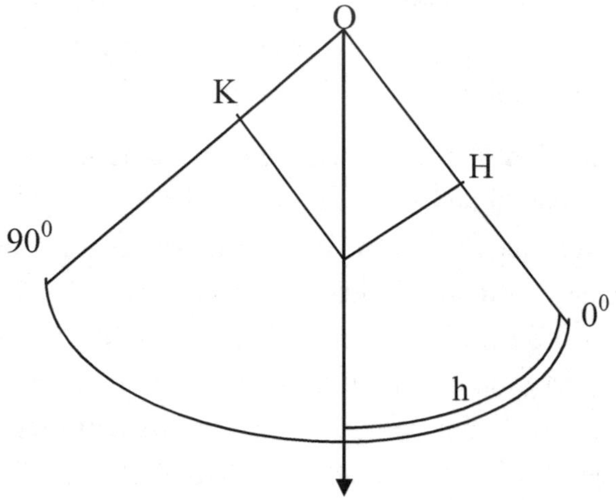

2) Par le chapitre 14 on détermine l'azimut a de la hauteur.

L'ombre de la tête du *mekyās* indique le début de l'^{c}*asr*.

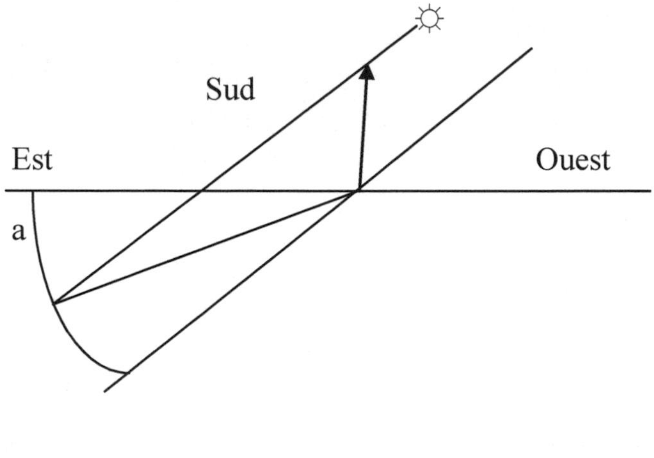

***Remarque* :** Abū al-Ḥassan al Marrākušī désigne la fin de l'^{c}*asr* a une hauteur dont l'ombre *mabsūt* est OH = OA + 2 K.

5

ÉTABLISSEMENT DU TEXTE ARABE MANUSCRIT

ملخص: يندرج هذا العمل في إطار البحث في تاريخ الأدوات الفلكية والهدف منه هو دراسة الطرق الرياضية المطبقة في استعمال الربع المجيَّب. قديما كانت هذه الآلة كثيرة الانتشار في المغرب العربي، وقد أتقن صنعها. نقوم بتحقيق مخطوط نسخ سنة 1147هـ - 1735م لأبي الفضل أبو القاسم الأنصاري شهر المؤخر. هذا المخطوط موجود بالمكتبة الوطنية بتونس عنوانه: "رسالة مشتملة على قواعد حسابية وأعمال هندسية في العمل بالربع الجيوب". يقدم المؤلف هذه الآلة ويشرح طرق استعمالها لحل بعض المشاكل الفلكية مستعملا قوانين رياضية بدون برهان. نعتزم تقديم إثباتات رياضية للقوانين المستعملة في المخطوط وتوضيح استعمال الربع لحل المشاكل المطروحة. ثم نقوم بمقارنة بين ما جاء في هذا المخطوط وبين ما يوجد في مخطوط لعلاء الدين ابن الشاطر، عنوانه "إيضاح المغيَّب في العمل بالربع المجيُب".

رسالة في العمل بربع الجيوب

(مخطوط رقم 17905 بالمكتبة الوطنية بتونس)

أبو الفضل أبو القاسم الأنصاري شهر المؤخر

بسم الله الرحمان الرحيم وصلى الله على سيدنا محمد وعلى آله وصحبه وسلم تسليما

قال الشيخ العالم العلامة الفرضي الحيسوبي الميقاتي فريد دهره ووحيد عصره الذي اكتست بحلل مدائحه ألسنة أبناء الزمان وأثنت مقبول مقالته أغصان الأذهان ورسم يقضه منشورا على صفحات أيام الزمان وقلد جيد العلم خرايد إيضاح وبيان سيدي أبو الفضل أبو القاسم الأنصاري شهر المؤخر رضي الله عنه.

الحمد لله الذي رفع السماء بقدرته وأدار دوائر الأفلاك وبسط الأرض بمشيئته ومهدها مسالك وسخر الأفلاك ومهّد الملك ودبر الأملاك. الخالق الذي له الخلق والأمر وبيده الإطلاق والإمساك. العليم الخبير الذي بسط البحر على الأرض فصيره تابعا لها في التكوير. قدُّر الأوقات بحكمته وأدار الأفلاك بقدرته، فكانت مستمرة التدوير, فسبحان من قدرته لا تضاهى، وحكمته لا تباهى ونعمته لا تتناهى واليه المصير، وأشهد أن لا إلاه إلا الله وحده لا شريك له شهادة عبد يدُّخرها ليوم يسأل فيه عن النقير والقطمير، وأشهد أن محمدا عبده ورسوله النبي النذير صلى الله عليه وسلم وعلى آله وأصحابه الذين يهدى بهم في الدين كما يهتدى بالكواكب في المسير.

وبعد هذه رسالة مشتملة على قواعد حسابية وأعمال هندسية في العمل بربع الجيوب لأنه أحسن الآلات الفلكية المشمولة لجميع العروض وصحة العمل به وإن أعماله كلها مبنية على الأعداد الأربعة المتناسبة التي

نسبة الأول من الثاني منها كنسبة الثالث من الرابع كما هو مقرّر من محله يستخرج بها المجهول من العدد فإذا علمت ثلاثة أعداد منها وجهلت الرابع أمكن استخراجه وعليها أسّست أعمال الربع كما ستقف عليه إن شاء الله تعلى، ألا ترى انك تقول ضع الخيط على كذا وهو عدد معلوم وعلم على كذا وهو عدد معلوم أيضا وأنقل الى كذا وهو عدد معلوم أيضا يخرج العدد الرابع المجهول ويتضح لك بالمثال إن شاء الله تعالى وأسأل الله العظيم بنبيِّه الكريم أن ينفع بها وأن يوفقنا لما يحبُّه ويرضاه إنه جواد كريم، وقد رتبتها على مقدمة وثلاثة وعشرين بابا وخاتمة.

فالمقدمة في تعريف الربع وتسمية رسومه

فأما ربع الدائرة فهو شكل بسيط مستو يحيط به قوس وخطان مستقيمان يلتقيان على زاوية قائمة ونقطة الالتقاء هي مركز الربع وهو الخرم الذي فيه الخيط والقوس المذكور هو الجزء من تسعين جزءاً متساوية مكتوب عليها أعدادها طردا وعكسا يسمّى قوس الارتفاع وإذا وضعت الربع بين يديك ومحيطه يليك كان أوّله مما يلي اليمين ثم الخط الآخذ من المركز إلى آخر القوس الارتفاع يسمّى الستيني والجيب الأعظم وخط وسط السماء وهو مقسوم ستين قسمة متساوية مكتوب عليها أعدادها طردا وعكسا ثم الخط الآخذ من المركز إلى أوّل القوس يسمّى جيب التمام والجيب المنكوس وخط المشرق والمغرب وهو مقسوم ستين قسمة متساوية مكتوب عليها أعدادها طردا وعكسا ثم الجيوب المبسوطة وهي الخطوط المستقيمة الآخذة من الستيني المتصلة بالقوس وقد توضع فيه دائرة مركزها مركز الربع يجوز من الستيني ومن جيب التمام بقدر جيب الميل الأعظم تسمى دائرة الميل وقد توضع فيه دائرة قطرها خط وسط السماء وتسمّى دائرة الجيب وقد يوضع فيه قوس العصر وهو يخرج من أول قوس الارتفاع ويجوز من الستيني اثنين وأربعين جزءا وثلثا من مستوييه وما يوضع فيه غير ذلك فلا يحتاج إليه. وأما الخيط والمريء والهدف والشاقول فمعلوم. وأعلم أنه متى وقع لفظ مطلق مثل قولنا أدخل من القوس بكذا انزل من السيني بكذا أو بما وجدت من أجزائه فإما نريد به الأعداد المستوية المبتدئة من أول القوس أو من المركز وحيث أطلقت الجزء كقولي تمرّ بالجزء أو

إن كان الجزء مشرقا مثلا أو مدارا بجزئي أو غير ذلك فإنما نريد به الدرجة التي فيها الشمس أو الكوكب وهي أي الدرجة خمس ثمن تسع دور الفلك وطريقة معرفته اختبار صحة رسم الربع أن تضع خيط الربع على نصف قوس الارتفاع فإن قطع جميع ما تحته من البيوت فحسن وإلا فلا أو تنزل من الستيني بعدد ومن جيب التمام بعدد مثله فإن قطع أحدهما من أول القوس مثل ما قطع الآخر من آخره فحسن وإلا فلا أو تضع الخيط على الخطين والمريء على عدد منه وانقل إلى خط الأخر فإن قطع منه مثل ذلك العدد فصحيح وإلا فلا أو تضع الخيط على تقاطعي الستيني وجيب التمام لقوس الارتفاع فإن قطع جميع ما تحته من البيوت فصحيح وإلا فلا.

الباب الأول في معرفة أخذ الارتفاع

الارتفاع قوس من دائرة تمرٌ بقطبي الأفق وبالجزء ما بين الجزء والأفق ودائرة الأفق هي الفاصلة بين الظاهر والخفي وقطباها سمت الرأس والرجل وصورتها هكذا.

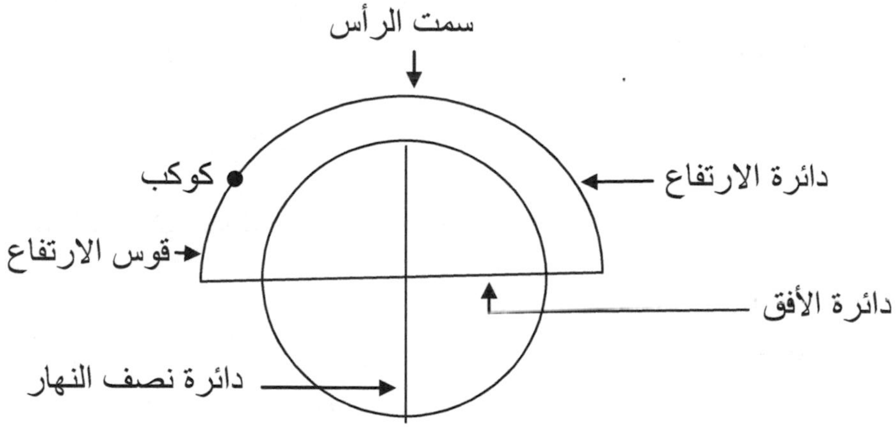

وطريقه أن تمسك الربع بيدك وتجعل الخط الخالي من الهدفة من جهة الشمس وتحرك الربع حتى تستر الهدفة السفلى بظل العليا استتارا معتدلا ويكون الخيط مماسا لسطح الربع لا داخلا فيه ولا خارجا عنه ويكون سطح الربع لا نيّرا ولا مظلما فما قطع الخيط من جهة الخط الخالي من الهدفة فهو الارتفاع، وأما الأشياء لا شعاع لها فطريقه أن تضع الربع

بين بصرك والشيء المأخوذ ارتفاعه وحرّك بيدك الربع حتى تراه والهدفة على خط واحد فيكون الخيط على قدر الارتفاع من القوس والانحطاط إن كانت العليا من جهتك.

الباب الثاني في معرفة جيب القوس وعكسه

الجيب خط يخرج من طرف القوس عمودا على القطر الخارج من الطرف الأخر وهو نصف وتر ضعف القوس والقطر هو الخط المستقيم الذي يقسم الدائرة نصفين. فإذا أردت جيب قوس فادخل من نهايته العدد في المبسوط إلى الستيني فما وجدت من عدد المستوي فهو جيب تلك القوس وإن دخلت من نهايته العدد في المنكوس الجيب التمام وجدت عدد المستوي جيب تمام تلك القوس. وإن شئت وضعت الخيط على القوس المطلوب جيبه وعلم بالمريء على دائرة الجيب إن كانت وانقل الخيط إلى الستيني فما قطع من عدد المستوي فهو جيب تلك القوس. وأما معرفة القوس من الجيب فطريقه أن تعد من مستوى الستيني بقدر الجيب المطلوب قوسه وتنزل من نهايته العدد في المبسوط إلى القوس فما وجدت من عدده المستوي فهو قوس ذلك الجيب، وإن عددت بقدر ذلك الجيب من مستوى خط المشرق والمغرب ونزلت من نهاية العدد في المنكوس إلى القوس وجدت من عدده المستوي تمام القوس المطلوب.

الباب الثالث في معرفة الظل من الارتفاع وعكسه

الظل على قسمين، أول وثاني، فالأول هو المنكوس المأخوذ من المقياس الموازي لسطح الأفق والثاني هو المبسوط وهو المأخوذ من المقياس القائم على سطح الأفق فنسبة الأول إلى جيب الارتفاع كنسبة القامة وهي اثني عشر جزء إلى جيب تمام الارتفاع فإذا ضربت أجزاء القامة في جيب الارتفاع وقسمت الخارج على جيب تمام الارتفاع يخرج الظل المنكوس ونسبة الظل الثاني إلى جيب تمام الارتفاع كنسبة أجزاء القامة إلى جيب الارتفاع فإذا ضربت أجزاء القامة في جيب تمام الارتفاع وقسمت الخارج على جيب الارتفاع يخرج الظل المبسوط. فعلى هذا يكون الظل المبسوط للارتفاع وهو بعينه منكوسا لتمامه وبالعكس. وإن شئت وضعت

الخيط على الارتفاع من أول القوس ونزلت من الستيني بالقامة إلى الخيط ورجعت من التقاطع إلى جيب التمام تجد الظل المبسوط وإن خرجت من جيب التمام بالقامة إلى الخيط ورجعت من التقاطع إلى الستيني وجدت الظل المنكوس.

تنبيه: متى نزلت بالقامة ولم تلق الخيط فانزل بجزء منها وكمل العمل يحصل ذلك الجزء من الظل وهكذا العمل جار في جميع الأبواب حيث لم يقاطع الجيب المنزول به الخيط وأما الارتفاع من الظل فطريقه أن تخرج من جيب التمام بقدر الظل ومن الستيني بالقامة إن كان الظل مبسوطا ومن الستيني بالظل وجيب التمام بالقامة إن كان منكوسا وضع الخيط على التقاطع فما حازه الخيط من درج القوس فهو الارتفاع. متى لم يقاطع الظل القامة فانزل بجزء منها وذلك الجزء من الظل وضع الخيط على التقاطع فما حازه الخيط من درج القوس فهو الارتفاع كاملا.

الباب الرابع في معرفة الميل الأول من درجة الشمس وعكسه

الميل الأول على قسمين جزئي وكلي فالجزئي هو ميل الدرجة وهو قوس من دائرة تمرٌ بقطبي معدّل النهار وبالجزء المطلوب ميله من فلك البروج ما بين الجزء ومعدّل النهار والكلّي قوس من دائرة أيضا تمرٌ بالأقطاب الأربعة قطبي معدّل النهار وقطبي فلك البروج ما بين دائرتي فلك البروج ومعدّل النهار وصورتها هكذا.

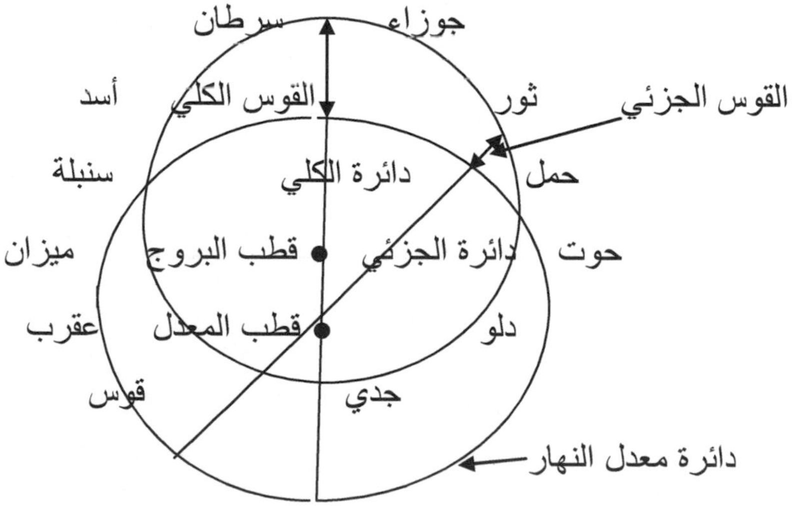

وطريقته أن تقيم قوس الارتفاع مقام منطقة البروج لكل برج ثلاثين درجة مبتدئا بالحمل من أول القوس طردا وعكسا إلى آخر البروج فإذا علمت الدرجة من القوس فنسبة جيب ميلها من جيب الميل الكلي هو كنسبة جيب الدرجة من الستيني فإذا ضربت الدرجة في جيب الميل الكلي وقسمت الخارج على الستيني يخرج الميل الجزئي. وإن شئت ضع الخيط على الستيني والمريء على جيب الميل الكلي وانقل الخيط إلى الدرجة يقع المريء على جيب الميل الجزئي.

وأما معرفة الدرجة من الميل فنسبة جيبها من الستيني كنسبة جيب الميل الجزئي من جيب الكلي، فإذا ضربت جيب الميل الجزئي في الستين وقسمت الخارج على جيب الميل الكلي يخرج جيب الدرجة. وإن شئت فضع الخيط على الستيني والمريء على الجيب الكلي وانقل الخيط حتى يقع المريء على جيب الميل الجزئي فما وقع عليه الخيط فهي الدرجة وإن شئت وضعت الخيط على تقاطع جيب الجزئي ودائرة الميل فما وقع عليه الخيط فهي الدرجة وتتميز بمعرفة الفصل الذي أنت عليه.

الباب الخامس في معرفة العرض والغاية

العرض قوس من دائرة نصف النهار ما بين سمت الرأس ومعدل النهار كهذه الصورة.

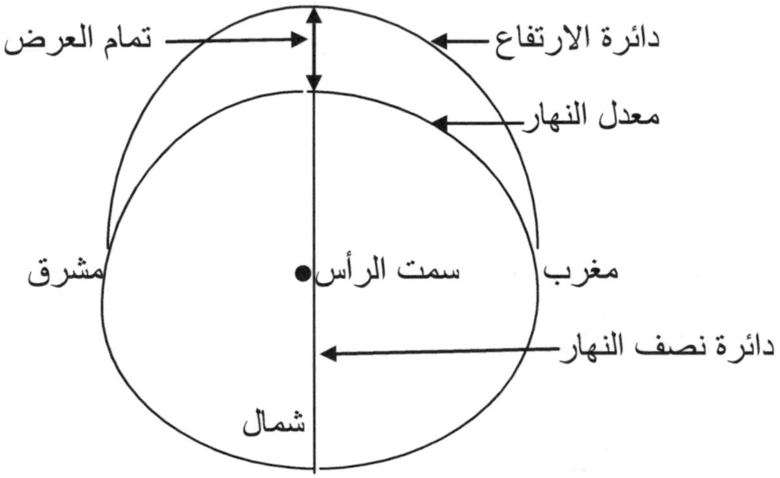

وطريق معرفته أن ترصد الغاية فإن كانت مسافته للرأس فالميل هو العرض وإن لم تكن مسافته للرأس فإن كانت جنوبية والميل جنوبيا فمجموعهما تمام العرض وإن كان الميل شماليا فمجموع الميل وتمام الغاية هو العرض وإن لم يكن للجزء ميل فتمام الغاية هو العرض. وان كان الميل والغاية شماليين أي زائلتين عن سمت الرأس لناحية الشمال فاطرح تمام الغاية من الميل والباقي هو العرض وإن كان الكوكب أبدي الظهور فخذ نصف غايته إن كان في جهة وتمام نصف الفضل بينهما إن كان في جهتين فما حصل فهو العرض. وأما الغاية فهي ارتفاع الجزء وقت مروره بدائرة نصف النهار وهي الدائرة المارة بقطبي معدل النهار وقطبي الأفق قطباها نقطتا المشرق والمغرب وهذه صورتها.

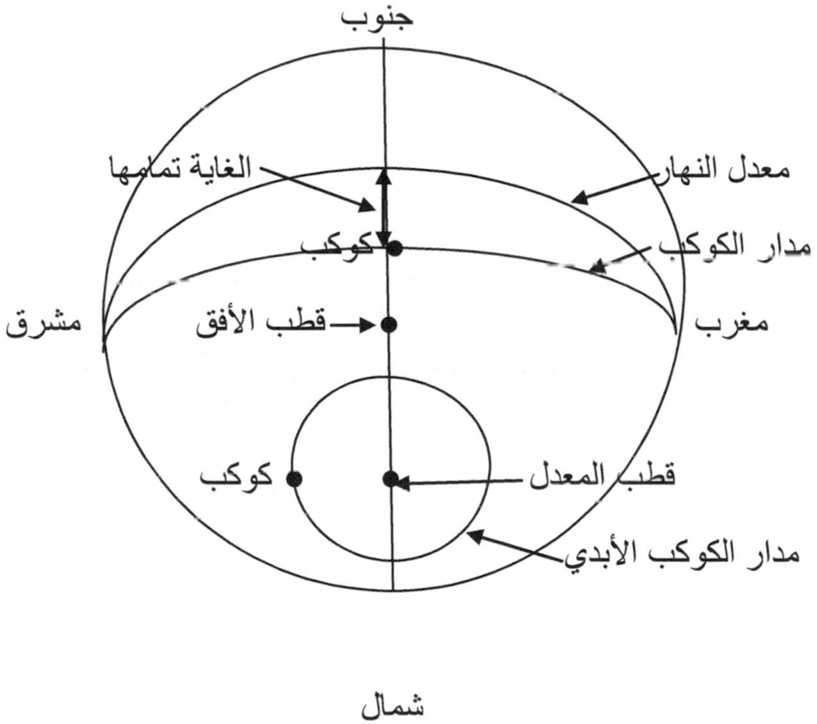

وطريق معرفتها أن تجمع الميل إلى تمام العرض إن كان الميل شماليا وتنقصه منه إن كان جنوبيا فما حصل في الوجهين فهي الغاية وإن جمعت وزاد المجموع على تسعين فاطرح ما زاد على التسعين من تسعين فما بقي فهي الغاية وتكون موافقة للعرض في الجهة فإن لم يكن للجزء ميل فتمام العرض هو الغاية وإن زاد الميل على تمام العرض فالجزء أبدي الظهور إن وافق وأبدي الخفاء إن خالف والله اعلم.

الباب السادس في معرفة بعد قطر دائرة المدار عن سطح الأفق

دائرة المدار هي الدائرة التي يرسمها الجزء بحركته اليومية يرتفع قطرها عن سطح الأفق إذا كان الجزء موافقا للعرض في الجهة. وينخفض إذا كان مخالفا وقدر بعده قوس من دائرة لولبية تمرُّ بطرفي قطر مدار الجزء فيما بينه وبين سطح الأفق كهذه الصورة.

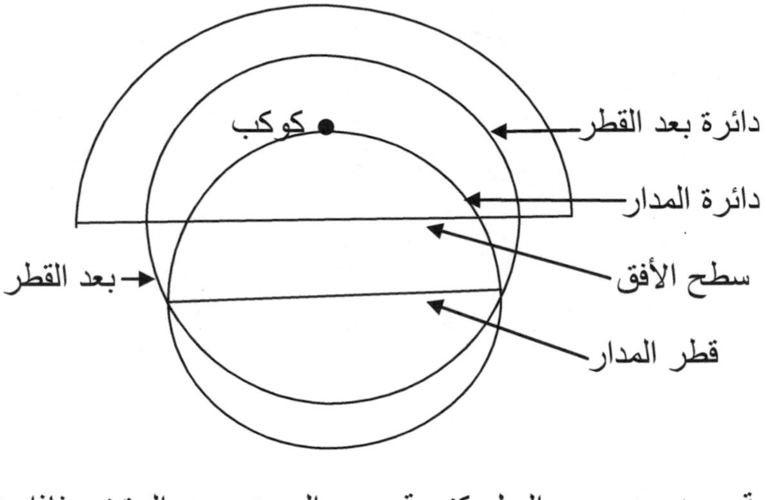

ونسبة جيبه من جيب الميل كنسبة جيب العرض من الستيني فإذا ضربت جيب الميل في جيب العرض وقسمت الخارج على ستين يخرج بعد القطر وإذا شئت ضع الخيط على الستيني والمريء على جيب الميل وانقل الخيط إلى العرض فما وقع عليه المريء فهو جيب بعد القطر والله الموفق للصواب.

الباب السابع في معرفة الأصل المطلق والمعدل

الأصل المطلق خط يخرج من محل غاية الجزء في سطح دائرة نصف النهار عمودا على خط نصف النهار إن لم يكن ميل أو على وتر فيها مواز لخط نصف النهار متصلا بمركز المدار كهذه الصورة إن يكن ميل فإن كان ميلا شماليا فهذه صورته وإن كان ميلا جنوبيا فهذه صورته ونسبته من جيب تمام الميل كنسبة جيب تمام العرض من ستين فإذا ضربت جيب تمام العرض في جيب تمام الميل وقسمت الخارج على ستين يخرج الأصل فإذا لم يكن للجزء ميل فجيب تمام العرض هو الأصل.

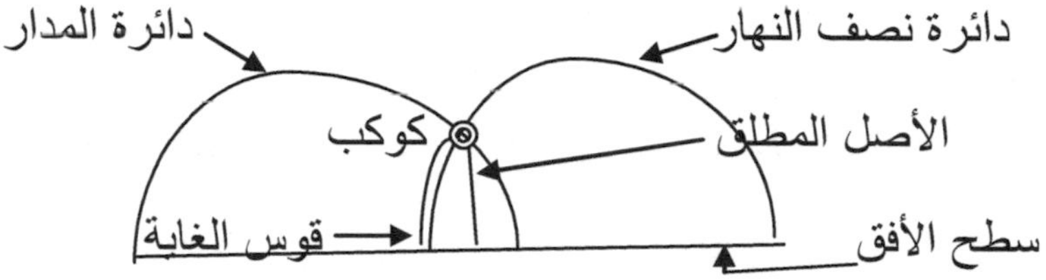

ميل جنوبي

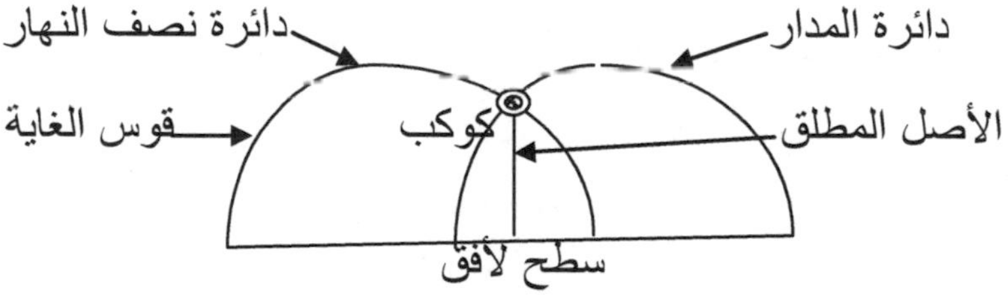

ميل شمالي

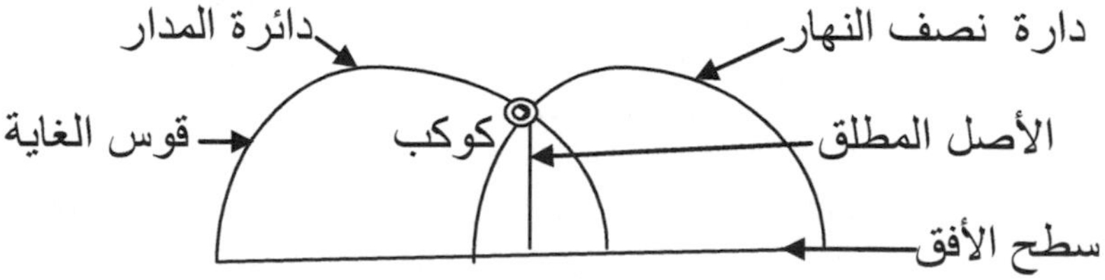

لا ميل له

وإن شئت ضع الخيط على الستيني والمريء على جيب تمام العرض وانقل الخيط إلى تمام الميل يريك المريء الأصل، وإن شئت فزد بعد القطر على جيب الغاية إن كان الميل جنوبيا وخذ الفضل إن كان شماليا فما حصل فهو الأصل وأما الأصل المعدل فهو أيضا خط يخرج من طرف قوس الارتفاع في سطح دائرة الارتفاع عمودا على قطرها إن لم يكن ميل أو على وتر فيها مواز لقطرها متصلا بقطر المدار وصورته كصورة الأصل المطلق إلا أنك تقدر دائرة نصف النهار من دائرة الارتفاع، وطريقه أن تزيد بعد القطر على جيب الارتفاع في الجنوب وخذ الفضلة في الشمال فما حصل فهو الأصل المعدّل فإن لم يكن للجزء ميل فجيب الارتفاع هو الأصل المعدّل.

الباب الثامن في معرفة نصف القوس والتعديل ويسمى نصف الفضلة

قوس نهار الجزء وهو ظهوره فوق الأفق وقوس ليله هو مغيبه تحت الأفق ونصف قوسه قوس مكن مداره من محل مطلعه إلى دائرة نف النهار وكذا نصف قوس مغربه والتعديل قوس من مدار الجزء أيضا ما بين قطر المدار وسطح الأفق وهو الفضل بين نصف قوس الجزء وتسعين وهذه صورته:

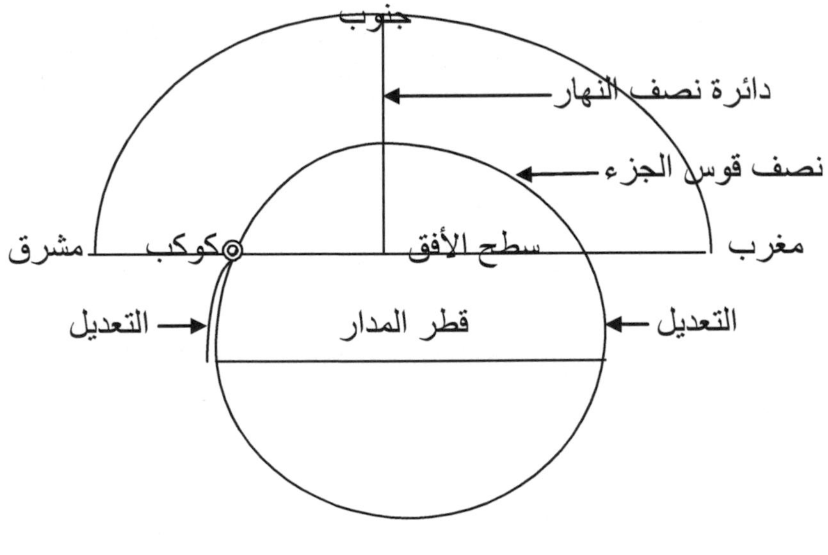

ونسبة جيب التعديل من جيب نصف العرض كنسبة جيب الدرجة من ستين فإذا ضربت جيب نصف العرض في جيب الدرجة وقسمت الخارج على ستين يخرج جيب التعديل، وإن شئت فضع الخيط على الستيني والمريء على جيب نصف العرض وانقل الخيط إلى الدرجة فما وقع عليه المريء فهو جيب التعديل فإذا علمت التعديل فزده على تسعين إن كان الجزء شماليا وأنقصه إن كان جنوبيا فما حصل فهو نصف القوس، ضعفه يكون قوسه كاملا.

الباب التاسع في معرفة الدائر وفضله من الارتفاع وعكسه

الدائر قوس من دائرة المدار ما بين الجزء والأفق الشرقي وفضل الدائر قوس من دائرة المدار أيضا ما بين الجزء ودائرة نصف النهار سواء كان قبل الزوال أو بعده وهو الفضل بين نصف قوس الجزء والدائر سواء كان الفضل للدائر أو لنصف القوس وطريقه أن تضع الخيط على الستيني والمريء على الأصل ثم حرك الخيط حتى يقع المريء على الأصل المعدل فما حازه الخيط من آخر القوس فهو فضل الدائر وهو الباقي للزوال إن كنت قبله والماضي منه إن كنت بعده اطرحه من نصف القوس إن كان الجزء مشرقا وزده إن كان مغربا يحصل الدائر وان كان الجزء شماليا وزاد جيب بعد القطر على جيب الارتفاع فاطرح الأقل من الأكثر والباقي هو الأصل المعدل فإذا وضعت المريء بعد تعليمك على الأصل كما تقدم يكون ما حازه الخيط من أول القوس مجموعا إلى تسعين هو الفضل الدائر فإن ساوى جيب الارتفاع جيب بعد القطر ففضل الدائر إذاك تسعون وأما الارتفاع من فضل الدائر فطريقه أن تضع الخيط على الستيني والمريء على الأصل ثم انقل الخيط على قدر فضل الدائر من آخر القوس فما وقع عليه المريء من الجيوب هو الأصل المعدل زد عليه بعد القطر إن كان الجزء شماليا وأنقصه منه إن كان جنوبيا فما حصل في الوجهين فهو جيب الارتفاع هذا إن كان فضل الدائر اقل من تسعين وإن كان أكثر من تسعين فضع الخيط على الستيني والمريء على الأصل ثم انقل الخيط على قدر الزائد على تسعين من أول القوس فما وقع عليه المريء من الجيوب المبسوطة أنقصه من جيب بعد القطر فما بقي فهو جيب الارتفاع والله أعلم.

الباب العاشر في معرفة ارتفاع العصر وفضل الدائر والباقي للغروب

أما ارتفاع العصر فزد على ظل الغاية المبسوطة قامة يكن ظل العصر استخرج ارتفاعه يحصل ارتفاع العصر وإن كان قوس العصر موضوعا في الربع فضع الخيط على الغاية وانزل من تقاطع الخيط وقوس العصر إلى قوس الارتفاع في الجيوب المبسوطة فما حصل من عدده المستوي فهو الارتفاع استخرج فضل دائره فما كان فهو الذي بين الزوال والعصر أسقطه من نصف القوس يحصل الباقي للغروب.

الباب الحادي عشر في معرفة حصتي الشفق والفجر

وطريق معرفتهما أن تزيد جيب بعد القطر على جيب تسعة عشر إن أردت الفجر وعلى جيب سبعة عشر إن أردت الشفق وكان الميل شماليا وأنقصه منهما إن كان جنوبيا فما حصل فهو الأصل المعدّل ثم ضع الخيط على الستيني والمريء على الأصل ثم حرّك الخيط حتى يقع المريء على الأصل المعدُل فما حازه الخيط من أول القوس زد عليه نصف الفضلة في الجنوب وأنقصها في الشمال تحصل مدّة الحصة المطلوبة فإن نقصت غاية النظير عن سبعة عشر فالنصف الأول من الميل حصة الشفق والنصف الثاني حصة الفجر وينعدم جوف الليل والله أعلم.

الباب الثاني عشر في معرفة سعة المشرق والمغرب

سعة المشرق قوس من دائرة الأفق ما بين مطلع الجزء ومطلع الاعتدال وهو نقطة المشرق وهي مساوية لسعة مغربه ونسبة جيبها من ستين كنسبة جيب الميل من جيب تمام العرض فإذا ضربت جيب الميل في ستين وقسمت الخارج على جيب تمام العرض يخرج جيب السعة وإن شئت ضع الخيط على تمام العرض والمريء على جيب الميل وانقل إلى الستيني يقع المريء على جيب السعة ولا تكون إلا إذا كان الميل أقل من تمام العرض فإن زاد الميل على تمام العرض فالجزء أبدي الظهور إن وافق وأبدي الخفاء إن خالف والله المستعان.

الباب الثالث عشر في معرفة الارتفاع الذي لا سمت له

الارتفاع الذي لا سمت له قوس من دائرة أول السُّموت في ما بين ممر الجزء والأفق ودائرة أول السموت هي الدائرة المارة بقطبي دائرة نصف النهار وقطبي الأفق ولا يكون في العرض الشمالي إلا إذا كان الميل شماليا أقل من العرض وهذه صورتها:

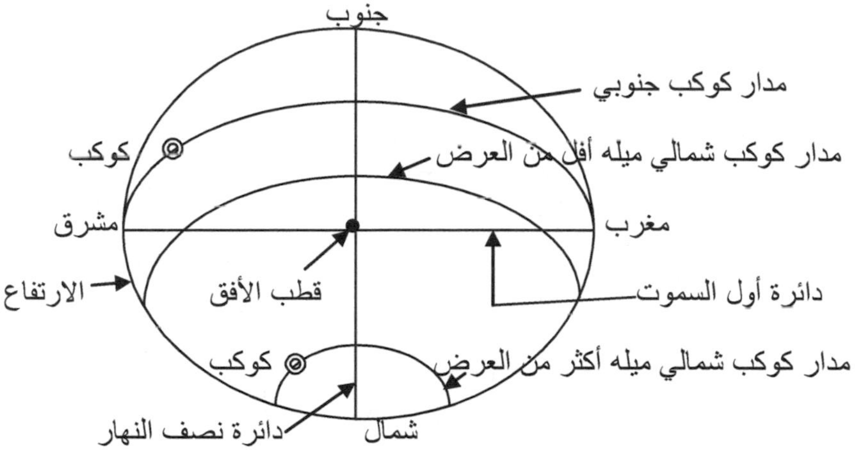

ونسبة جيبه من جيب الدرجة كنسبة جيب الميل الكلي من جيب العرض فإذا ضربت جيب الميل الكلي في جيب الدرجة وقسمت الخارج على جيب العرض يخرج جيب الارتفاع الذي لا سمت له. وإن شئت وضعت الخيط على العرض والمريء على جيب الميل الكلي وانقل الخيط إلى الدرجة يقع المريء على جيب الارتفاع الذي لا سمت له والله الموفق.

الباب الرابع عشر في معرفة السمت من الارتفاع

السمت قوس من دائرة الأفق ما بين تقاطع دائرتي معدِّل النهار والارتفاع لدائرة الأفق كهذه الصورة (وضعناها في آخر الفقرة).

وطريق معرفته أن تضع الخيط على تمام العرض والمريء على فضل جيب الغاية على جيب الارتفاع وانقل الخيط إلى العرض وادخل من المريء إلى الستيني فما وجدت من أجزائه المستوية زده على جيب تمام

الغاية إن كانت شمالية، أعني مائلة عن سمت الرأس لجهة الشمال، وخذ الفضل بينهما إن كانت جنوبية، أعني مائلة عن سمت الرأس لجهة الجنوب فما حصل في الوجهين فهو تعديل السمت، ثم ضع الخيط على الستيني والمريء على جيب تمام الارتفاع ثم حرّك الخيط حتى يقع المريء على تعديل السمت من الجيوب المبسوطة فما حازه الخيط من درجة القوس فهو السمت وجهته جهة العرض إن كان الجزء موافقا والارتفاع أقل من الارتفاع الذي لا سمت له وإلا فمخالف وهو شرقي إن كان الجزء مشرق وغربي إن كان مغربا والله أعلم.

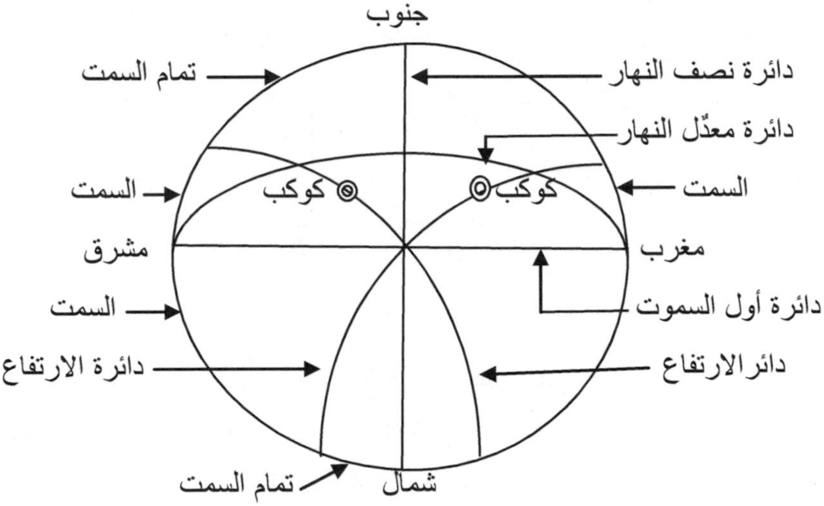

الباب الخامس عشر في معرفة سمت القبلة

سمت القبلة قوس من دائرة الأفق ما بين معدّل النهار وبين الدائر المار بأقطاب الأفقين، أعني مكة والبلد المطلوب سمتها فيه. وبعد ما بين البلدين قوس من دائرة تمر بأقطاب الأفقين أيضا ما بين سمتي رؤوسهم، وطول البلد قوس من معدّل النهار مابين دائرة نصف نهار البلد ودائرة نصف نهار آخر العامرة من المغرب وفضل ما بين الطولين قوس من معدّل النهار أيضا ما بين دائرتي نصف نهار البلدين كهذه الصورة.

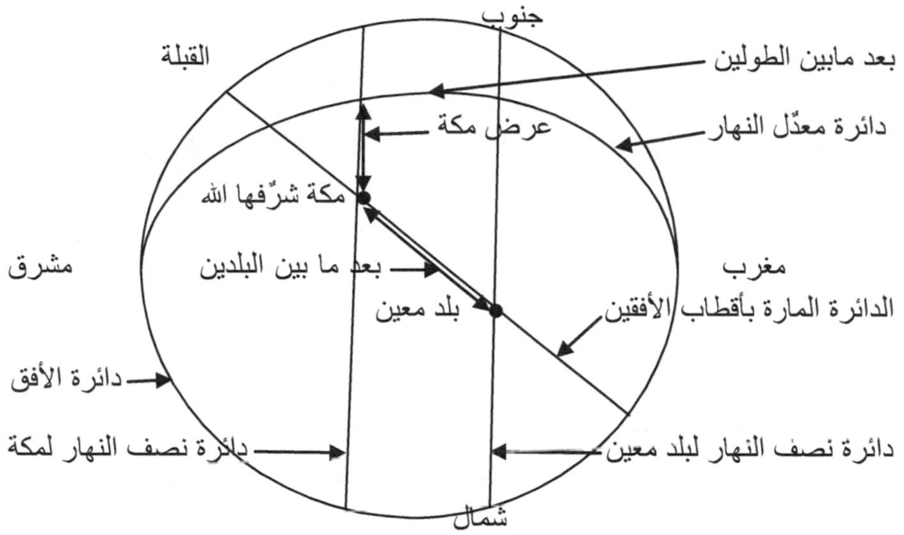

وطريق معرفة سمت القبلة أن تجعل عرض مكة ميلا موافقا وتستخرج به بعد القطر والأصل ثم ضع الخيط على الستيني والمريء على الأصل واجعل فضل الطولين فضل دائر وضع الخيط على قدره من آخر القوس فما وقع عليه المريء من الجيوب زد عليه بعد القطر فما حصل فهو جيب ارتفاع سمت القبلة استخرج السمت لهذا الارتفاع يكن سمت القبلة. وإن شئت ضع الخيط على تمام الارتفاع والمريء على جيب فضل الطولين وانقل الخيط على تمام الارتفاع والمريء على جيب فضل الطولين وانقل الخيط إلى تمام عرض مكة فيريك المريء جيب تمام السمت فإن أراك المريء أكثر من ستين فأطرحه من مائة وعشرين يبقى جيب تمام السمت فأدخل به من جيب التمام إلى قوس تجد السمت وبهذا العمل تعرف سمت غيرها من البلدان فإن تجعل عرضها ميلا موافقا وحصل به الأصل وبعد القطر واجعل فضل الطولين فضل دائر وحصل به الارتفاع كما تقدم فإذا حصلت ارتفاعه استخرج سمته بأحد الطريقتين يكن سمت ذلك البلد المطلوب.

وأما جهة البلد فأكثر البلدين طولا فهو شرقي وأكثرهما عرضا فهو شمالي فقد علمت في أي ربع هو أي البلد المطلوب وأما معرفة بعد ما بين البلدين فأعلم أنك إذا حصلت ارتفاع سمتهما أي سمت رؤوسهما فتمام ذلك

الارتفاع هو البعد اضربه في ستة وخمسين وثلثين يخرج ما بين البلدين من الأميال والله أعلم.

الباب السادس عشر في معرفة استخراج الجهات الأربعة ونصف الفضلة

وطريقه أن تأخذ ارتفاع الشمس وتستخرج سمته فان كان شرقيا جنوبيا أو غربيا شماليا فضع الخيط على مقداره من أول القوس وان كان بالعكس فمن آخره واثبت الخيط عليه بشمع أو نحوه وضع الربع على الأرض وضعا مستويا بحيث يكون سطحه موازيا لسطح الأفق ومركزه من جهة الشمس ثم علُق شاقولا في خيط وساتر بظله خيط الربع وأدر الربع إلى أن ينطبق الظل على خيطه فحينئذ يكون الربع موضوعا على الجهات فخط إلى جانبه الذي ابتدأت منه بعدك السمت خطا مستقيما فهو حط المشرق والمغرب ربعه بخط آخر يكون خط الجنوب والشمال ويحصل من تقاطع الخطين أربعة أرباع شماليين شرقي وغربي وجنوبيين كذلك ثم ضع الربع في الربع الذي فيه مكة وابعد عن خط المشرق والمغرب بقدر سمت مكة وضع الخيط على نهاية العدد فيكون الخيط الذي على المحيط هو القبلة.

الباب السابع عشر في معرفة المطالع الفلكية

المطالع الفلكية قوس من معدل النهار ما بين دائرتين تمران بقطبي معدُل النهار وبطرفي القوس المطلوب من فلك البروج والاصطلاح على ابتدائها من أول الجدي لتكون المطالع الفلكية للمتوسط هي المطالع البلدية للطالع كهذه الصورة (وضعناها آخر الفقرة).

اعلم أن مطالع كل ثلاثة بروج أولها منقلب أو اعتدال تسعون درجة وطريق معرفتها أن تضع الخيط على تمام الجزئي والمريء على جيب تمام الكلي ثم انقل الخيط إلى الدرجة وانزل من المريء إلى القوس فما وجدت من عدده المستوية في ثلاثة الحمل والميزان أو من معكوسه في ثلاثة الجدي والسرطان فزد عليهما لكل ثلاثة بروج مضت من أول الجدي تسعين فما اجتمع فهي مطالع الدرجة المطلوبة وهي المدة التي بين توسط رأس الجدي وتوسط الدرجة المطلوبة وهي مطالع الزوال وأما مطالع برج ما على انفراده فاستخرج مطالع أوله والقها من مطالع الذي يليه يحصل مطالعه

وأما مطالع الدرجة ما على انفرادها فاعرف مطالع برجها واجعله دقائق فهو ما يخص تلك الدرجة والله اعلم.

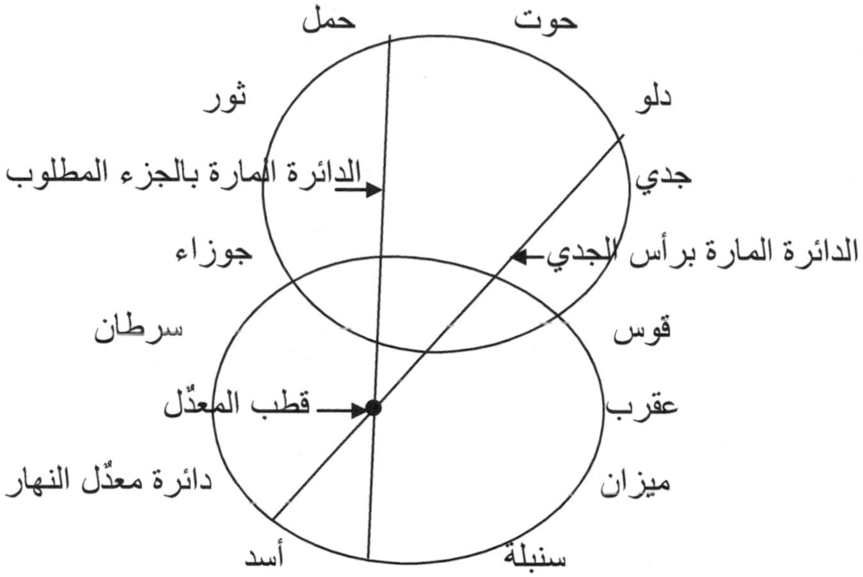

الباب الثامن عشر في معرفة المطالع البلدية والطالع والغارب والمتوسط

المطالع البلدية هو ما يطلع من معدّل النهار من قوس من فلك البروج في أفق بلد معين وتسمّى الأفاقية ومطالع الشروق والاصطلاح على ابتدائها من أول الحمل فهي إصلاح المدة التي بين طلوع رأس الحمل وطلوع الجزء المطلوب، وطريق معرفتهما أن تطرح نصف قوس الجزء من مطالعه الفلكية فما بقي فهو المطالع البلدية ومتى لم يمكن الإسقاط فاحمل على المسقوط منه دورا واطرح من المجتمع نصف القوس فما بقي فهي المطالع البلدية وإن زدت نصف القوس على المطالع الفلكية حصلت مطالع الغروب وهو مطالع النظير وإن زدت المجتمع على الدور فالزائد هو المطلوب. وأما معرفة الطالع والغارب والمتوسط فاعرف مطالع الوقت وذلك بأن تزيد الماضي من النهار على مطالع الشروق والماضي من الليل

على مطالع الغروب فما اجتمع فهو مطالع الوقت أي مطالع الدرجة المتوسطة في ذلك الوقت أعط لكل برج مطالعه الفلكية مبتدئا بالعدد من الجدي فما بلغ فهو المتوسط وهو العاشر ونظيره الرابع وهو وتد الأرض ثم اجعل هذه المطالع بلدية وأعط لكل برج مطالعه البلدية مبتدئا بالعدد من الحمل فما بلغ فهو الطالع ونظيره السابع وهو الغارب والله أعلم.

الباب التاسع عشر في معرفة الماضي والباقي من الليل قبل توسط الكوكب أو طلوعه أو غروبه أو ارتفاعه

اعلم انه متى زادت مطالع الكوكب على مطالع الشروق باكثر من قوس النهار أو نقصت عنها بأقل من قوس الليل توسط الكوكب ليلا وإلا توسط نهارا فإن توسط ليلا فاطرح مطالع الغروب من مطالعه الفلكية فما بقي فهو الماضي من الليل عند توسطه وإن ألقيت مطالعه الفلكية من مطالع الشروق حصل الباقي من الليل عند توسطه وأما معرفة ذلك من قبل طلوعه أو غروبه فأقم بعده مقام ميل الشمس واستخرج به جميع أعماله كالشمس فإذا حصلت نصف قوسه زده على مطالعه تحصل مطالع غروبه وإن نقصت من مطالعه حصلت مطالع شروقه فافعل بهما ما فعلت لمطالع توسطه يحصل المطلوب. وأما معرفة ذلك من قبل ارتفاعه فاستخرج فضل الدائر لارتفاعه وزده على مطالعه إن كان مغربا وأنقصه من مطالعه إن كان مشرقا فما حصل بعد الزيادة والنقصان فهو مطالع الوقت أي مطالع المتوسط في ذلك الوقت فاطرح منها مطالع غروب الشمس فما بقي فهو الماضي من الليل في ذلك الوقت وإن طرحتها من مطالع شروق الشمس حصل الباقي من الليل في ذلك الوقت والله أعلم.

الباب المدعى عشرون في معرفة حال الكوكب في وقت مفروض

حصّل مطالع الوقت كما تقدم ثم أنظر بينهما وبين مطالع الكوكب فإن ساوتها فالكوكب متوسط وإن زادت أو نقصت عن مطالع الكوكب بأكثر من نصف قوسه فهو تحت الأفق وإن نقصت بقدر نصف قوسه فهو على أفق المشرق وإن زادت بقدر نصف قوسه فهو على أفق المغرب وإن زادت أو نقصت بأقل من نصف قوسه فاجعل مقدار الزيادة أو النقصان فضل دائر

واستخرج ارتفاعه فما كان فهو ارتفاع الكوكب في الوقت المفروض شرقي إن نقصت وغربي إن ازدادت والله أعلم.

الباب الحادي والعشرون في معرفة الدائر وفضله في غير بلدنا إن كان وقت بلدنا معلوما

أعلم أن الجزء إذا كان في بلدك متوسطا فهو في البلد الذي أطول من بلدك مغربا وفي البلد الأقل طولا مشرقا والفضل بين الطولين فضل دائر في ذلك الوقت للبلدين وإن كان للجزء فضل دائر عندك فإن كان الجزء مشرقا والبلد المطلوب أقل طولا أو كان مغربا والبلد أكثر طولا، فإنك تزيد فضل الطولين على فضل الدائر عندك فما اجتمع فهو فضل الدائر في البلد المطلوب وهو فيه في الجهة التي هو فيها عندك شرقا أو غربا وإن كان بالعكس فإن كان الجزء مشرقا والبلد المطلوب أكثر طولا أو كان مغربا والبلد أقل طولا فإنك تأخذ الفضل بين فضل الدائر وفضل الطولين فما بقي فهو فضل الدائر في البلد المطلوب وهو أيضا فيه في الجهة التي هو فيها عندك شرقا أو غربا إن كان فضل الدائر عندك أكثر من فضل الطولين وإلا ففي الجهة الأخرى فإذا علمت فضل الدائر في البلد المطلوب فأنقصه من نصف قوس الجزء في ذلك البلد بين الماضي من شروقه إن كان فيه مشرقا والباقي لغروبه إن كان فيه مغربا والله أعلم.

الباب الثاني والعشرون في معرفة ارتفاع كل قائم على بسيط الأرض

خذ ارتفاع أعلى القائم فإن كان خمسة وأربعين فزد عليه ما بينك وبين أصله ثم زد عليهما ما بين بصرك والأرض فما كان فهو طوله بالأذرع الذي ذرعت بها ما بينك وبين أصله، وإن كان أقل أو أكثر فضع الخيط على الارتفاع وانزل من جيب التمام إلى الخيط بما بينك وبين أصله وارجع من التقاطع إلى الستيني فما وجدت من أجزائه زد عليه ما بين بصرك والأرض فما كان فهو طول المطلوب فإن تعذر الوصول إلى مسقط رأسه فحصِّل ارتفاعه من موضع ما واستخرج ظله المبسوط وعلِّم في موضع قدميك علامة وزد على ذلك الظل أو أنقص منه ربع القامة أو ثلثها أو ما شئت من الأجزاء واستخرج ارتفاع الظل الذي استخرجته ثم تقدم أو

تأخر على أرض مستوية في سمت تلك العلامة حتى يصير الارتفاع أعلى القائم مثل الارتفاع الذي استخرجت وعلِّم على العلامة علامة أخرى ثم أذرع ما بين العلامتين واضربه في مقام الكسر الذي أخذت من القامة فما بلغ زد عليه ما بين بصرك والأرض فما تحصل فهو طوله المطلوب والله أعلم.

الباب الثالث والعشرون في معرفة سعة الأنهار وعمق الآبار

أما سعة النهر فطريقه أن تقف على حافة النهر عند الماء وخذ انخفاض الجهة الأخرى وضع الخيط على الانخفاض ثم ادخل من الستيني بقدر ما بين بصرك والأرض إلى الخيط وارجع من التقاطع إلى خط المشرق والمغرب فما وجدت من أجزائه المستوية فهو سعة ذلك النهر بالأجزاء التي جزأت بها ما بين بصرك والأرض. وأما عمق الآبار فطرقه أن تحصل مقدار قطر فم البئر ثم قف على حافته وحل انخفاض الموضع المقابل لك في الماء ثم ضع الخيط على الانخفاض وانزل من جيب التمام بقدر قطر فم البئر إلى الخيط وارجع من التقاطع إلى الستيني فما وجدت فألق منه ما بين بصرك والأرض فما بقي فهو العمق بالأجزاء التي جزأت بها قطر فم البئر والله الموفق للصواب.

الخاتمة في تخطيط سطوح فضل الدائر

اعلم أن السطح إما بسيط أو قائم والقائم منحرف أو غير منحرف، أما البسيط والقائم الذي لا انحراف له فطريقه أن يخط في السطح قائما كان أو بسيطا خطين يتقاطعان على زوايا قائمة إحداها خط المشرق والمغرب ويكون القائم موازيا لسطح الأفق وامتحانه أن تجعل أحد خطي الربع عليه فيعلق خيط الربع على الخط الآخر خط الجنوب والشمال وخط الزوال أيضا ،ويسمى القائم خط وسط السماء ونقطة تقاطع الخطين مركز الخيط ثم تدير عليه نصف دائرة قطرها خط المشرق والمغرب ويكون في القائم من أسفل وتزيد في البسيط على نصف الدائر إن احتجت إلى ذلك ثم ضع الخيط على الستيني والمريء على الظل الأول لفضل الدائر وانقل الخيط إلى عرض البلد يقع المريء على الظل الأول لسمت فضل الدائر المطلوب فافتح

البيكار بقدر السمت وضع أحد رجليه في خط نصف النهار على محيط الدائرة، وأدر رجله الأخرى إلى المحيط يمينا وشمالا وعلم نهاية البعد في المحيط علامة ثم ضع حروف المسطرة على العلامة وعلى المركز وخط على محيط الدائرة أو داخلها أو خارجها خطا فهو خط فضل الدائر المفروض وهكذا نفعل بكل جزء من أجزاء فضل الدائر إلى أن تكمل العمل وإن كان فضل الدائر أكثر من تسعين فاطرحه من مائة وثمانين والباقي أعرف سمته بما تقدم فإذا عرفت سمته فاطرحه أيضا من مائة وثمانين يبقى سمته المطلوب ثم اتخذ مقياسا وابعد به عن المركز في خط نصف النهار إلى جهة العرض بقدر ظل العرض المبسوط في البسيطة وبقدر المنكوس في القائم والمقياس من تلك الأجزاء قامة وصل الخيط برأسه يحصل المطلوب.وأما قوس العصر فطريقه أن تخط على مركز الشخص خط المشرق والمغرب وتدير على المركز نصف دائرة من جهة المشرق وقطرها خط الزوال وهي دائرة السموت وتكون هذه الدائرة خفية لتمحوها إذا كملت التخطيط ثم استخرج ارتفاع العصر لرأس السرطان واعرف ظله المبسوط وسمته فضله هو الظل على البسيطة وسمته هو السمت على البسيطة. وأما القائم فإنك إذا عرفت ارتفاع الوقت وسمته يسمّى هذا السمت انحرافا معدلا، فضع الخيط على الستيني والمريء على جيب تمام الارتفاع على أفقك أي ارتفاع الوقت المفروض وانقل الخيط إلى الانحراف المعدل يقع المريء على جيب الارتفاع على السطح القائم فخذ ظله المبسوط فما كان فهو الظل على السطح القائم في الوقت المفروض ويسمى الظل المستعمل ثم ضع الخيط على تمام الارتفاع على السطح القائم والمريء على جيب الارتفاع على أفقك وانقل إلى الستيني يقع المريء على جيب السمت على السطح القائم. فإذا علمت السمت فافتح البيكار بقدر السمت على السطح وضع إحدى رجليه في خط المشرق والمغرب في محيط الدائرة وأدر رجله الأخرى إلى الجهة المخالفة لجهة السمت وعلّم على المحيط علامة وضع حرف المسطرة على العلامة وعلى المركز ثم خذ من أجزاء الظل بقدر الظل على السطح في الوقت المفروض وأبعد بمثله على المركز مع حرف المسطرة وعلّم على نهاية البعد علامة فهي موضع ظل رأس المقياس في الوقت المفروض والمقياس من تلك أجزاء القامة وهكذا تفعل

بأول الحمل وأول الجدي ثم تجمع العلامات بقوس يمر بجميعها يحصل قوس العصر وهكذا يساير القسمة ليساير الأوقات ، وأما إذا كان العرض أقل من الميل الكلي فيجب أن تركب القوس من أربعة نقط ثلاثة مدارات متقدمة ونقطة سمت الرأس والله الموفق. وأما السطوح القائمة المنحرفة فتعرف أولا انحراف السطح وإلى أي جهة ينسب وتعرف طوله وعرضه وسمت خط نصف نهاره، أما انحرافه فترصد شعاع الشمس حين ابتداء وقوعه على وجه الحائط أو حين انصراف الشمس عنه واستخرج سمت ارتفاع ذلك الوقت فهو الانحراف وإن شئت فأقم على وجه الحائط شخصا رقيقا وأرسل من أصله خيطا مثقلا بشاقول وارصد ظل الشمس إلى أن ينطبق على الخيط فتمام سمت ارتفاع ذلك الوقت هو الانحراف واعلم أن السطح إن انحرف من جهة المشرق إلى الجنوب انحرف من جهة المغرب إلى الشمال فيكون الوجه الذي يلي الجنوب منه غربيا جنوبيا والوجه الآخر شرقيا شماليا وإن انحرف من جهة المشرق إلى الشمال انحرف من جهة المغرب إلى الجنوب فيكون الوجه الذي يلي الجنوب منه شرقيا جنوبيا والوجه الآخر شرقيا شماليا ثم ضع الخيط على الستيني والمريء على جيب تمام الانحراف وانقل إلى تمام عرض البلد يقع المريء على جيب عرض السطح. فإذا وضعت الخيط على تمام عرض السطح وعلّمت على جيب الانحراف ونقلت إلى الستيني يقع المريء على جيب فضل الطولين. فإذا وضعت على الستيني وعلمت على الظل الأول لفضل الطولين ونقلت إلى عرض السطح يقع المريء على الظل الأول لسمت خط نصف النهار. فإذا علمت جميع ما تقدم فالعمل في سمت خطوط فضل الدائر هو أن تنظر فضل الدائر عندك فإن كان مخالفا بجهة السطح مثل أن يكون فضل الدائر شرقيا والسطح غربيا أو العكس فإنك تجمع فضل الطولين إلى فضل الدائر فما كان فهو فضل الدائر على السطح. فإن كان أقل من تسعين فضع الخيط على الستيني والمريء على الظل الأول لفضل الدائر وانقل الخيط لعرض السطح يقع المريء على الظل الأول للسمت المعدل. وإن كان أكثر من تسعين فاطرحه من مائة وثمانين واستخرج سمت ما بقي واطرحه أيضا من مائة وثمانين يبقى السمت المعدل فاطرح منه سمت خط نصف النهار وما بقي فهو سمت فضل الدائر المفروض. وأما إن كان فضل الدائر موافقا

للسطح في جهته فإن كانا شرقيان أو غربيان معا فإنك تأخذ الفضل بين فضل الدائر عندك وفضل الطولين وما بقي فهو فضل الدائر على السطح فضع الخيط على الستيني والمريء على الظل الأول لفضل الدائر وانقل الخيط إلى عرض السطح يقع المريء على الظل الأول للسمت المعدل فاطرحه من سمت خط نصف النهار إن كان فضل الدائر عندك أقل من فضل الطولين وإلا فاجمعهما يحصل سمت فضل الدائر المفروض هكذا في السطوح الجنوبية وأما الشمالية فالعكس فنجمع فضل الدائر الموافق إلى فضل الطولين وتأخذ الفضل في المخالف وتجري على ما تقدم يحصل المطلوب. وأما التخطيط هو أن تخط في السطح خطا موازيا لسطح الأفق فهو أفق السطح ثم خط خطا أخر مقاطعا له عمودا عليه فهو خط نصف النهار واجعله إلى الضلع الغربي أقرب إن كان السطح غربيا وإلى الشرقي أقرب إن كان شرقيا لأن فضل الدائر الموافق يكون أضيق وأكثر سموتا فتترك له من الرخامة أكثر من النصف لتتسع بعض الاتساع ونقطة تقاطع الخطين مركز الخيط وأدر عليه دائرة هي دائرة السموت ثم ابعد عن خط نصف النهار في محيط الدائرة بقدر سمت فضل الدائر المفروض إلى جهة المغرب إن كان فضل الدائر شرقيا وإلى جهة المشرق إن كان فضل الدائر غربيا وعلّم على نهاية البعد في المحيط علامة ثم ضع حرف المسطرة على العلامة والمركز وخط إلى المحيط خطا أو داخله أو خارجه يحصل خط فضل الدائر المفروض وهكذا تفعل بكل جزء من أجزاء فضل الدائر إلى أن تكمل العمل ثم أبعد عن خط نصف النهار في دائرة السموت بقدر سمت خط نصف النهار إلى جهة المشرق إن كان السطح غربيا وإلى جهة المغرب إن كان السطح شرقيا وتبدأ بعدده في السطوح الجنوبية من أسفل الدائرة وفي الشمالية من أعلى الدائرة وعلّم على نهاية البعد في المحيط علامة وضع حرف المسطرة على العلامة والمركز وخط خطا مارا بالعلامة متصلا بالمركز فهو خط نصف نهار السطح وعليه يقام المقياس خارج مركز خطوط فضل الدائر بقدر ظل عرض السطح المبسوط والمقياس من تلك الأجزاء قامة وصل الخيط برأسه يحصل المطلوب والله الموفق . وأما قوس العصر فاعرف ارتفاع الوقت لرأس السرطان واستخرج سمته فإن كان السمت موافقا للسطح في جهته جمعته إلى انحراف السطح فما كان فهو

الانحراف المعدل فإن زاد الجمع على تسعين اطرحه من مائة وثمانين يبق الانحراف المعدل وأما إن خالف السمت السطح في إحدى الجهتين فإنك تأخذ الفضل بين السمت والانحراف يبق الانحراف المعدل فاعرف منه الارتفاع على السطح وظله وسمته كما تقدم في السطح القايم الغير المنحرف سواء بسواء وكذا التخطيط. وأما خط الزوال إنما يكون موازيا مستقيما لخط وسط السماء ويكتفي في وضعه بأول الجدي وأول السرطان.

تكميل في معرفة تقويس القوس، اجمع بين نقطتي الانقلابين بخط مستقيم واقسمه نصفين ثم ضع إحدى ساقي البيكار في إحدى نقطتي الانقلابين وأدر بالأخرى شعاعا حيث كان ثم انقله إلى الانقلاب الآخر وأدر شعاعا يقاطع الأول واخرج خطا من نقطة المنتصف إلى تقاطع الشعاعين بغير نهاية فمركز ذلك القوس على هذا الخط ثم أركز البيكار في أي موضع شئت من هذا الخط النازل واجمع بين نقطتي الانقلابين وانظر إلى نقطة الاعتدال إن كانت من داخل البيكار فوسع الدائرة وإن كانت خارجة عنه فضيق البيكار يحصل المطلوب والله المستعان والموفق للصواب وإليه المرجع والمئاب وهو حسبنا ونعم الوكيل ولا حول ولا قوة إلا بالله العلي العظيم وصلى الله على سيدنا محمد خاتم النبيين وإمام المرسلين وآخر دعوانا الحمد لله رب العالمين. الفراغ من نسخته يوم تسعة عشر من شهر رمضان المعظم سنة سبعة وأربعين ومائة وألف من الهجرة النبوية على صاحبها أفضل الصلاة والسلام على يد العبد الفقير لربه حمودة بن الحاج محمد شهر البحريني كتبه لنفسه ولمن شاء الله من بعده وصلى الله على سيدنا محمد وعلى آله وصحبه وسلم سنة 1147 .

ANNEXE 1 - PREMIÈRE PAGE DU MANUSCRIT DE L'UNIVERSITÉ DU MICHIGAN

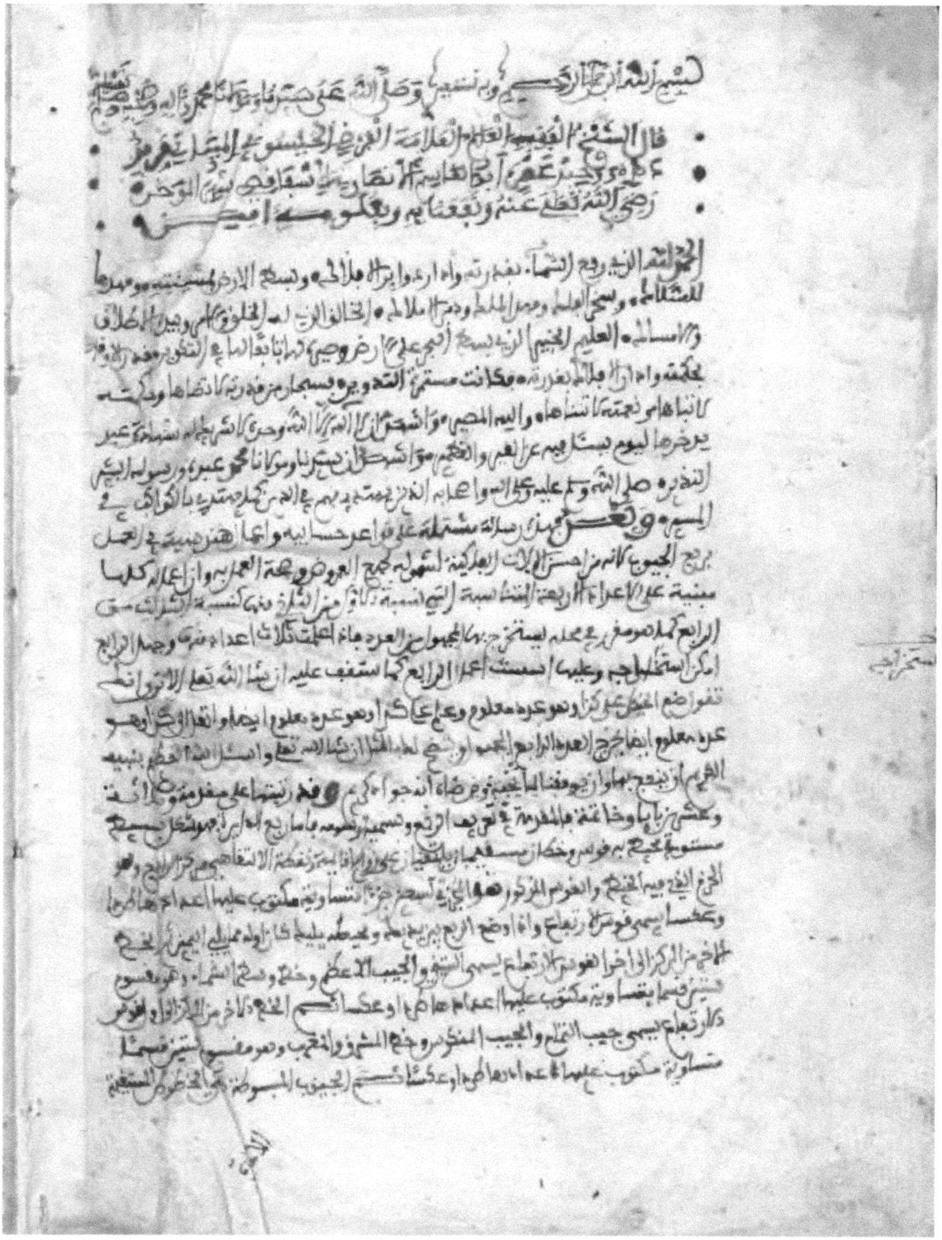

بسم الله الرحمن الرحيم وبه نستعين وصلى الله على سيدنا ومولانا محمد

ANNEXE 2 - *FAC SIMILE* DU MANUSCRIT N⁰ 8971 DE LA BIBLIOTHÈQUE NATIONALE DE TUNIS

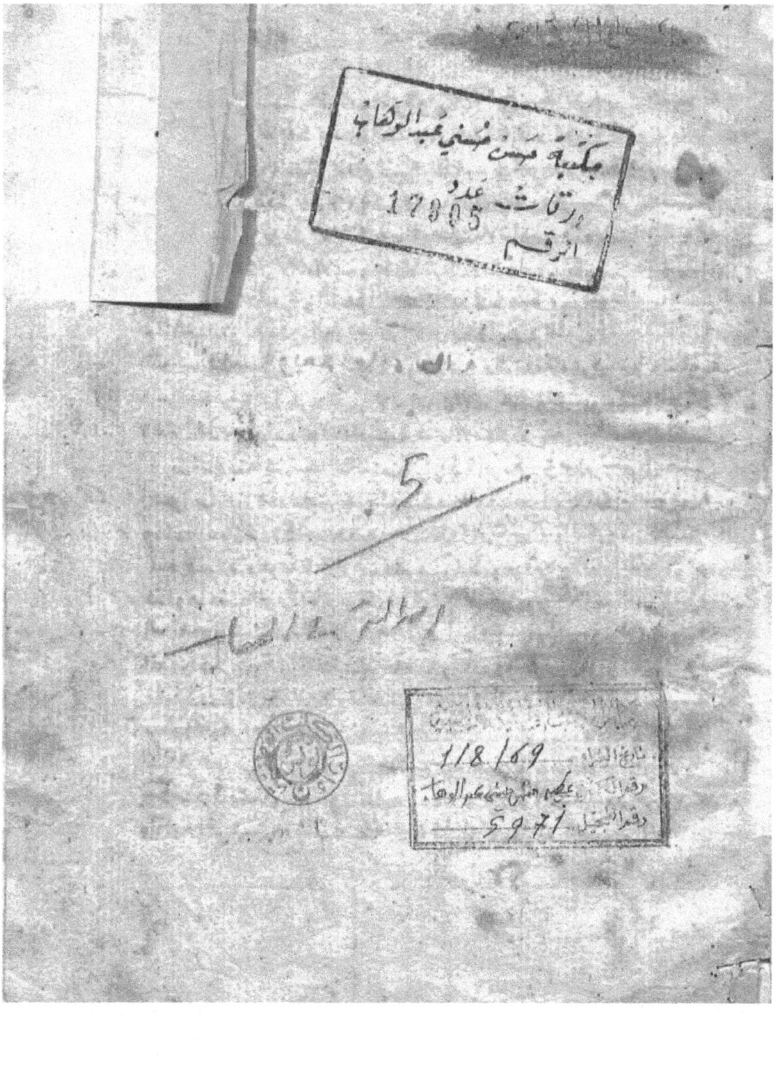

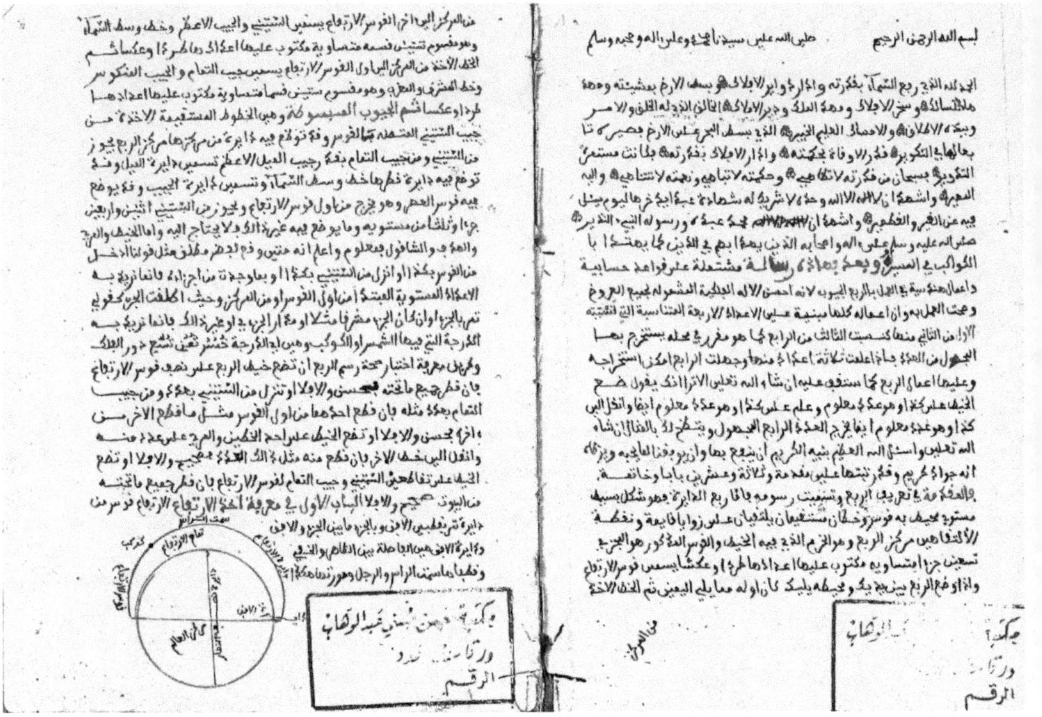

بسم الله الرحمن الرحيم   صلى الله على سيدنا محمد وعلى آله وصحبه وسلم

الحمد لله الذي رفع السماء بقدرته وادار وابرز الافلاك وبسط الارض بمشيئته ومهد ملأ المسالك وسخر الافلاك ومهد الملك ودبر الافلاك الخالق الذي له الخلق والامر ... الذي بسط البحر على الارض ... التكوير ... وادار الافلاك بقدرته ... سبحان من قدرته لا تتناهى وحكمته لا تباهى ونعمته لا تتناهى واليه المصير واشهد ان لا اله الا الله وحده لا شريك له شهادة ... واشهد ان ... محمد عبده ورسوله النبي النذير صلى الله عليه وسلم وعلى آله واصحابه الذين يهتدى بهم في الدين كما يهتدى بالكواكب في المسير وبعد فهذه رسالة مشتملة على قواعد حسابية واعمال هندسية في العمل بالربع المجيب لانه احسن الآلة الفلكية المشمول لجميع العروض ... وان اعماله كلها مبنية على الاعداد الاربعة المتناسبة التي نسبة الاول من الثاني منها كنسبة الثالث من الرابع كما هو مقرر في محله يستخرج بها المجهول من العدد فاذا علمت ثلاثة اعداد منها وجهلت الرابع امكن استخراجه وعليها اعمال الربع كما ستقف عليه ان شاء الله ...

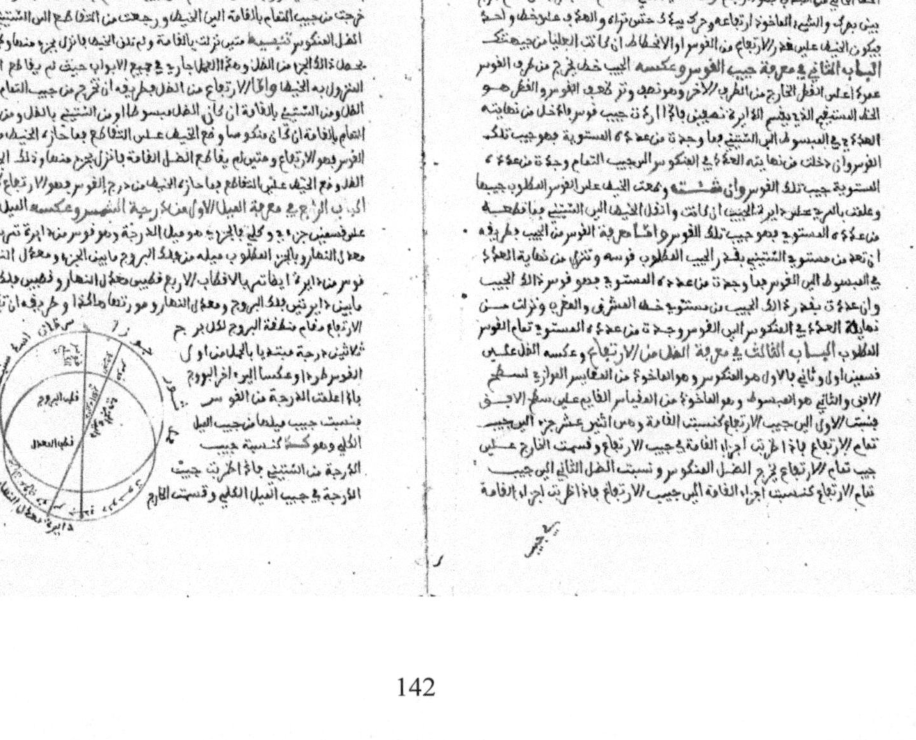

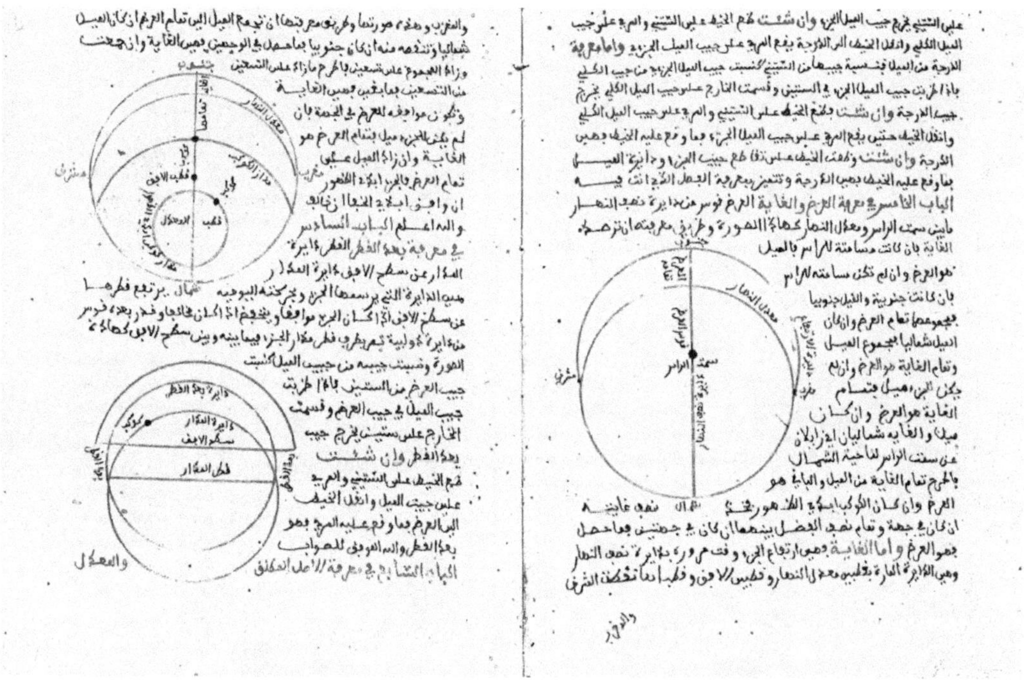

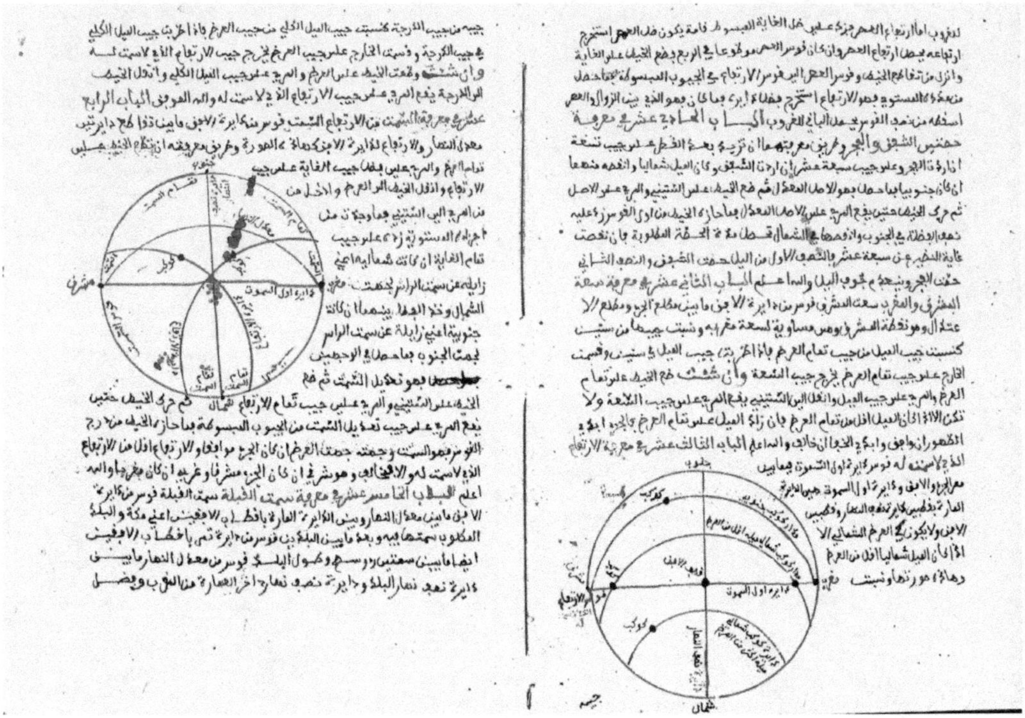

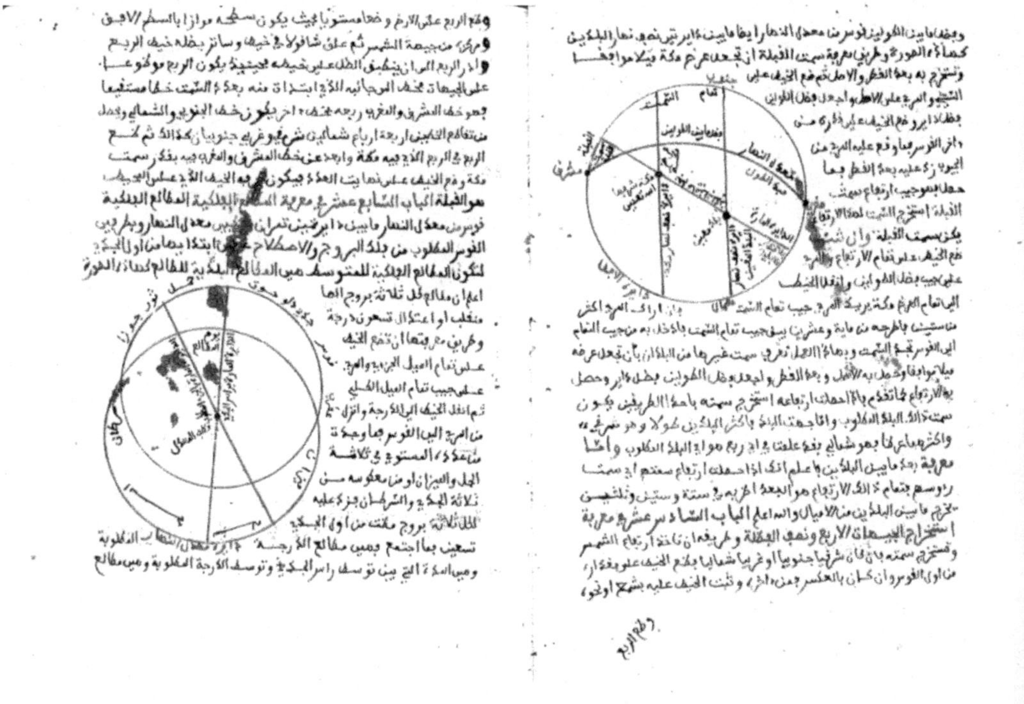

الزوال واما مطالع برج ما على انفراده فاستخرج مطالع اوله والقها من مطالع اول الذي
يليه تحصل مطالعه واما مطالع درجة ما على انفرادها فاعرف مطالع برجها
واجعله دقايق وخذ ما ينتج تلك الدرجة والله اعلم الباب الثامن
عشر في معرفة المطالع البلدية والطالع والغارب والمتوسط المطالع البلدية
هو ما يطلع من معدل النهار مع قوس من فلك البروج في افق بلد معين ونسميها الافقية
ومطالع الشروق والاصطلاح على ابتدايها من اول الحمل فهي اصطلاحا العدد
التي بين طلوع راس الحمل وطلوع الجزء المطلوب وطريق معرفتها ان تطرح نصف
القوس الجزء من مطالعه الفلكية فما بقي فهو المطالع البلدية ومثاله يكون
الاسفل فاحمل عليه دورة ... من المجتمع نصف القوس فما بقي فهو
حيث المطالع البلدية ... نصف القوس على المطالع الفلكية حصلت مطالع
الغروب ... زاد المجتمع على الدور فالزايد هو المطلوب وهذا
العمل جار في جميع الابواب المتعلقة بالمطالع واما معرفة الطالع والغارب والمتوسط
فاعرف مطالع الوقت ... بان تزيد الماضي من النهار على مطالع الشروق او الماضي
من الليل على مطالع الغروب فما اجتمع فهو مطالع الوقت اي مطالع الجزء المتوسط
في ذلك الوقت فاعط لكل برج مطالعه الفلكية مبتديا بالجدي من الجدي
فما بلغ ... فهو العاشر ونظيره الرابع وهو وتد الارض ثم اجعل
هذه المطالع ... وعط لكل برج مطالعه البلدية مبتديا بالحمل من الحمل
فما بلغ فهو الطالع ونظيره السابع وهو الغارب والله اعلم الباب التاسع عشر
في معرفة الماضي والباقي من الليل من قبل توسط الكوكب او طلوعه او غروبه
او ارتفاعه اعلم انه متى زادت مطالع الكوكب على مطالع الشروق بالحشر من
قوس النهار او نقصت عنها باقل من قوس الليل توسط الكوكب ليلا والا توسط
نهارا فان توسط ليلا فاطرح مطالع الغروب من مطالعه الفلكية فما بقي فهو الماضي
من الليل عند توسطه وان القيت مطالعه الفلكية من مطالع الشروق حصل الباقي
من الليل عند توسطه واما معرفة ذلك من طلوعه او غروبه فافعل بحده مقام
ميل الشمس واستخرج به جميع اعماله كالشمس فاذا حصلت نصف قوسه زده على

مطالعه

مطالعه حصل مطالع غروبه وان نقصت من مطالعه حصلت مطالع شروقه فاجعل
1 بدلها بعلت بمطالع توسطه يحصل المطلوب واما معرفة ذلك من قبل ارتفاعه
فاستخرج فضل الداير لارتفاعه وزده على مطالعه ان كان مغربيا وانقصه من مطالعه
ان كان مشرقيا فما حصل بعد الزيادة والنقصان فهو مطالع الوقت اي مطالع المتوسط
في ذلك الوقت فاطرح منها مطالع غروب الشمس فما بقي فهو الماضي من الليل في ذلك
الوقت وان طرحتها من مطالع شروق الشمس حصل الباقي من الليل في ذلك الوقت
والله اعلم الباب الموفي عشرين في معرفة حال الكوكب في وقت معين وقد حصل
مطالع الوقت كما تقدم ثم انظر بينها وبين مطالع الكوكب فان ساوتها فالكوكب
متوسط وان زادت او نقصت عن مطالع الكوكب بالكثير من نصف قوسه فهو تحت
الارض وان نقصت بقدر نصف قوسه فهو على افق المشرق وان زادت بقدر نصف
قوسه فهو على افق المغرب وان زادت او نقصت باقل من نصف قوسه فاجعل
مقدار الزيادة او النقصان فضل داير واستخرج ارتفاعه فما كان فهو ارتفاع الكوكب
في الوقت المعين وهو شرقي ان نقصت وغربي ان زادت والله اعلم الباب الحادي والعشرون
في معرفة الداير وفضله في غير بلدك اذا كان ... بلدك معلوما اعلم ان
الجزء اذا كان في بلدك متوسطا فهو في البلد الذي اطول من بلدك مغربيا وفي البلد
الاقل طولا مشرقيا والفضل بين الطولين فضل داير في ذلك الوقت للبلد بين وانه
كان للجزء فضل داير عندك فان كان الجزء مشرقا والبلد المطلوب اقل طولا او كان
مغربيا والبلد اكثر طولا فانك تزيد فضل الطولين على فضل الداير عندك فما
اجتمع فهو فضل الداير في البلد المطلوب وهو فيه في الجهة التي هو فيها
عندك مشرقا او غربا وان كان بالعكس فان كان الجزء مشرقا والبلد المطلوب
اكثر طولا او كان مغربيا والبلد اقل طولا فانك تاخذ الفضل بين فضل الداير
وفضل الطولين فما بقي فهو فضل الداير في البلد المطلوب وهو ايضا فيه
في الجهة التي هو فيها عندك شرقا او غربا ان كان فضل الداير عندك اكثر
من فضل الطولين والا ففي الجهة الاخرى فاذا علمت فضل الداير في البلد المطلوب
فانقصه من نصف قوس الجزء في ذلك البلد يبقى الماضي من شروقه ان كان فيه

مشرقا والباقي لغروبه ان كان فيه مغربا والله اعلم الباب الثاني والعشرون في معرفة
ارتفاع كل قايم على بسيط الارض خذ ارتفاع اعلى القايم فان كان خمسة واربعين جزءا علمت
ما بينك وبين اصله ثم زده عليه ما بين بصرك والارض فما كان فهو طوله بالاربع
الذي ذرعت به ما بينك وبين اصله وان كان اقل او اكثر فضع الخيط على الارتفاع
وانزل من جيب التمام الى الخيط بما بينك وبين اصله وارجع من التقاطع الى الستيني
فما وجدت من الاجزاء زد عليه ما بين بصرك والارض فما كان فهو طول المطلوب
فان تعذر الوصول الى مسقط راسه فخذ ارتفاعه من موضع ما واستخرج
ظله المبسوط وعلم في الموضع الذي فيه علامة وزد عليه ذلك الظل وانقص
عنه ربع القامة او ثلثها او ما شئت من الاجزاء واستخرج ارتفاع الظل
الذي استخرجته ثم تقدم او تاخر على ارض مستوية في سمت تلك العلامة
حتى يصير الارتفاع اعلى القايم مثل الارتفاع الذي استخرجت وعلم على
العلامة علامة اخرى ثم اذرع ما بين العلامتين واضرب في مقام الكسر الذي
اخذت من القامة فما بلغ ... عليه ما بين بصرك والارض فما حصل فهو طوله والله
اعلم الباب الثالث والعشرون في معرفة سعة الانهار وعمق الابار
اما سعة النهر فطريقه ان تقف على حافة النهر عند الماء وخذ الخواص
الجهة الاخرى ... الخيط على الانخفاض ثم ادخل من الستيني بقدر ما بين
بصرك والارض الى الخيط وارجع من التقاطع الى خط المشرق والمغرب فما
وجدت من اجزايه المستوية فهو سعة ذلك النهر بالاجزاء التي جربت
بها ما بين بصرك والارض واما عمق الابار فطريقه ان تحمل معك قطر
فم البير ثم قف على حافته وحصل الخشاخ الموضع المقابل لك في الماء
ثم ضع الخيط على الانخفاض وانزل من جيب التمام بقدر قطر فم البير
الى الخيط وارجع من التقاطع الى الستيني فما وجدت فالق منه ما بين بصرك
والارض فما بقي فهو العمق بالاجزاء التي جربت بها قطر فم البير والله الموفق
للصواب الخاتمة في تخطيط سطوح فضل الداير اعلم ان السطح اما
بسيط او قايم والقايم منحرب اما البسيط والقايم الذي لا انحراف

له فطريقه ان تخط في السطح قايما كان او بسيطا خطين يتقاطعان على زوايا
قايمة احدهما خط المشرق والمغرب ويكون في القايم موازيا لسطح الافق
وامتحانه ان تجعل احد خطي الربع عليه فيقع خيط الربع على الخط
الاخر والاخر خط الجنوب والشمال وخط الزوال ايضا وفي القايم خط
وسط السماء ونقطة تقاطع الخطين مركز الخيط ثم تدير عليه نصف دايرة
قطرها خط المشرق والمغرب ويكون في القايم من اسفل وتزيد في البسيطة
على نصف الداير ان احتجت الى ذلك ثم ضع الخيط على الستيني والربع على
الظل الاول لبعض الداير وانقل الخيط الى عرض البلد يقع المري على الظل
الاول لسمت فضل الداير المطلوب فافتح البيكار بقدر السمت وضع احد رجليه
في خط نصف النهار على محيط الدايرة واد رجله الاخرى الى المحيط يمينا
وشمالا وعلم على نهايتي البعد في المحيط علامتين ثم مد مسطرة
على العلامة وعلى المركز وخط على محيط الدايرة او داخلها
او خارجها فهو خط فضل الداير المفروض وهكذا تفعل بكل جزء من اجزاء
فضل الداير الى ان تكمل العمل وان كان فضل الداير اكثر من تسعين فاطرحه من
قب والباقي اعرف سمته كما تقدم فاذا عرفت سمته فاطرحه ايضا من
قف يبقى السمت المطلوب ثم اتخذ مقياسا وابعد به عن المركز في خط
نصف النهار الى جهة العرض بقدر ظل العرض المبسوط في البسيطة وبقدر
المنكوس في القايم والمقياس من تلك الاجزاء قامة وصل الخيط براسه
يحصل المطلوب واما قوس العصر فطريقه ان تخط على مركز الشخص
خط المشرق والمغرب وتدير على المركز نصف دايرة من جهة المشرق
وقطرها خط الزوال وهي دايرة السموت وتكون هاتان الدايرتان خفيفة
لتمحو هما اذا كملت التخطيط ثم استخرج ارتفاع العصر لراس السرطان
واعرف ظله المبسوط وسمته فظله هو الظل على البسيطة وسمته
هو السمت على البسيطة واما القايم فانك اذا عرفت ارتفاع الوقت وسمته
يسامتك السمت انحرافا معدلا فضع الخيط على الستيني والمري على جيب

GLOSSAIRE

Sexagène (الستيني) ou Sinus total = rayon méridien

Ligne des cosinus (خط جيب التمام) ou ligne de l'est et l'ouest

Mekyās ou *kāma* (مقياس أو قامة) = gnomon

Mūrī (indicateur) (المريء) = perle coulissante à frottement doux

Ḥadfa (هدفة) = pinnule

Simt-ar-ra's (سمت الرأس) = zénith

Simt-ar-riğl (سمت الرجل) = nadir

Al-bīkār (البيكار) = compas

Al-qotb al-samāwī (القطب السماوي) = pôle nord céleste

Ẓl al-mabsūt (الظل المبسوط) = « l'ombre *mabsūt* » = l'ombre horizontale

Ẓl al-mankūs (الظل المنكوس) = « l'ombre *mabsūt* » = l'ombre première

Cercle du milieu du jour (دائرة منتصف النهار) = cercle astronomique du lieu

Ligne du milieu du jour (خط نصف النهار) = ligne Nord-Sud = ligne méridienne

Cercle du moyen du jour (دائرة معدل النهار) = équateur céleste

Dā'irat al-burūğ (دائرة البروج) = cercle de l'écliptique ; Zodiaque

Muqanṭarāt al-irtifā[c] (مقنطرات الارتفاع) = parallèles de hauteur

Ẓl al-ġaya (ظل الغاية) = hauteur méridienne

Ad-dā'er (الدائر) = l'arc de l'orbite de l'astre qui se trouve entre l'astre et l'horizon oriental.

Faḍl ad-dā'er (فضل الدائر) = angle horaire = l'arc de l'orbite compris entre l'astre et le cercle astronomique du lieu.

Matla[c] *falakī* (مطلع فلكي) = ascension droite

(مطالع بلدية) = temps civil, d^0. C'est le temps qui sépare le lever du signe du Bélier du celui du Soleil.

Ẓuhr (الظهر) = heure de la première prière des musulmans après midi.

ᶜAsr (العصر) = heure de la prière qui suit la prière du *Ẓohr*.

Imam = Titre religieux lié à une fonction de « guidance ».

Kaᶜba =Temple sacré de la Mecque.

Madrasa (مدرسة) = Université, institut, école.

Qadiriya (القادرية) = L'une des sectes de l'islam. Elle préconise une forme de liberté individuelle du croyant.

Achevé d'imprimer en juillet 2019 par

ISIPRINT
L'IMPRESSION DANS TOUTE SA DIMENSION

15 rue Francis de Pressensé
93210 La Plaine Saint-Denis

Numéro d'impression : 146556

Imprimé en France